高等学校教材

简明临界物态土力学与有限元法

李晓军 编

西北工業大學出版社

【内容简介】 本书是系统介绍临界物态土力学及其有限元法基本内容的教材，共分11章。第1～6章介绍了土的物理性质与分类、有效应力原理与土的应力-应变状态、应力与应变路径、土的室内试验、临界物态线(面)的概念以及以剑桥模型为代表的临界物态模型及其与室内试验的关系。第7～11章，在简要论述了工程地质问题数值分析方法的基础上，介绍了基于Crisp2D软件临界物态模型的有限元实现，重点介绍了一维固结与三轴压缩试验数值模拟、基坑开挖与刚性挡墙支护数值模拟、隧道开挖与支护数值模拟、基坑开挖与柔性挡墙支护数值模拟等算例。

本书可供高等学校地质、土木、交通、岩土工程专业的本科生作为选修课教材使用，亦可供上述相关专业的研究生或工程技术人员作为教材或参考用书自学使用。

图书在版编目(CIP)数据

简明临界物态土力学与有限元法/李晓军编．—西安：西北工业大学出版社，2011.10
ISBN 978-7-5612-3210-1

Ⅰ.①简… Ⅱ.①李… Ⅲ.①临界状态—土力学—有限元法 Ⅳ.①TU43

中国版本图书馆CIP数据核字(2011)第206008号

出版发行：西北工业大学出版社
通信地址：西安市友谊西路127号 **邮编**：710072
电　　话：(029)88493844 88491757
网　　址：www.nwpup.com
印 刷 者：陕西向阳印务有限公司
开　　本：787 mm×1 092 mm 1/16
印　　张：10.75
字　　数：257千字
版　　次：2012年1月第1版 2012年1月第1次印刷
定　　价：25.00元

前　言

剑桥大学提出的临界物态土力学的基本概念是高等土力学的基础。近年来，国外高校已经将临界物态土力学的概念引入本科教学中，并呈现出与有限元法结合的趋势。临界物态土力学实际上是一门基于试验的土力学课程。本书以本科阶段土力学知识为起点，从试验的角度更全面地、更深层次地讲述了对土的性质进行研究的方法和有限元求解技术。这本《简明临界物态土力学与有限元法》作为本科生土力学与研究生高等土力学教学的衔接教材，其特点是：从试验出发，注重理论与实际应用；在讲解基本内容的同时，给出了大量的例题，说明为什么要开展土力学试验，如何设计土力学试验，如何分析土力学试验，如何开展有限元计算，如何获取有限元计算所需要的参数等，进而启发学生在试验和动手能力方面的创新思维。

全书共分 11 章。第 1～6 章介绍了土的物理性质与分类、有效应力原理与土的应力-应变状态、应力与应变路径、土的室内试验、临界物态线(面)的概念，以及以剑桥模型为代表的临界物态模型及其与室内试验的关系。第 7～11 章，在简要论述了工程地质问题数值分析方法的基础上，介绍了基于 Crisp2D 软件临界物态模型的有限元实现，重点介绍了一维固结与三轴压缩试验数值模拟、基坑开挖与刚性挡墙支护数值模拟、隧道开挖与支护数值模拟、基坑开挖与柔性挡墙支护数值模拟等算例。

限于编者水平和时间仓促，不妥之处敬请读者指正。

编　者

2011 年 3 月

目　录

第1章　土的物理性质与分类

1.1　引　　言

土是岩石经过物理风化和化学风化作用后的产物，是由各种大小不同的土粒按各种比例组成的集合体，土粒之间的孔隙中包含着水和气体，是一种三相体系。本章主要讨论土的物质组成以及定性、定量描述其物质组成的方法，包括土的三相组成、土的三相指标、黏性土的界限含水量和土的工程分类等。

1.2　土的三相组成

土是由固体颗粒、水和气体三部分组成的，通常称为土的三相组成(固相、液相和气相)，随着三相物质的质量和体积的比例不同，土的性质也不同。

1.2.1　土的固相

土的固相物质包括无机矿物颗粒和有机质，是构成土骨架的最基本的物质。土中的无机矿物成分可以分为原生矿物和次生矿物两大类。原生矿物是岩浆在冷凝过程中形成的矿物，如石英、长石、云母等。次生矿物是由原生矿物经过风化作用后形成的新矿物。次生矿物按其与水的作用可分为易溶的、难溶的和不溶的，次生矿物的水溶性对十的性质有重要的影响。黏土矿物的主要代表性矿物为高岭石、伊利石和蒙脱石，由于其亲水性不同，当其含量不同时土的工程性质也就不同。

1.2.2　土的液相

土的液相是指存在于土孔隙中的水。按照水与土相互作用的强弱，可将土中水分为结合水和自由水两大类。结合水是指处于土颗粒表面水膜中的水，受到表面引力的控制而不服从静水力学规律，其冰点低于零度。结合水又可分为强结合水和弱结合水。强结合水存在于最靠近土颗粒表面处，在距土粒表面较远地方的结合水称为弱结合水。弱结合水不能传递静水压力。自由水包括毛细水和重力水。毛细水不仅受到重力的作用，还受到表面张力的支配，能沿着土的细孔隙从潜水面上升到一定的高度，毛细水上升对于公路路基土的干湿状态及建筑物的防潮有重要影响。重力水在重力或压力差作用下能在土中渗流，对于土颗粒和结构物都有浮力作用，在土力学计算中应当考虑这种渗流及浮力的作用。在饱和土内，水完全充满孔隙，孔隙水中的压力通称为孔隙压力。

1.2.3 土的气相

土的气相是指充填在土的孔隙中的气体,包括与大气连通和不连通的两类。与大气连通的气体对土的工程性质没有多大的影响,它的成分与空气相似,当土受到外力作用时,这种气体很快从孔隙中挤出。但是密闭的气体对土的工程性质有很大的影响,在压力作用下这种气体可被压缩或溶解于水中,当压力减小时,气泡会恢复原状或重新游离出来。含气体的土称为非饱和土,非饱和土的工程性质研究已成为土力学的一个新分支。本书中,除非作特别说明,否则将只讨论饱和土(Saturated Soil)。

1.3 土的三相比例指标

土的许多重要的力学特性都取决于矿物颗粒填集的紧密程度。颗粒的填集可以用孔隙比(Void Ratio)确定,孔隙比即孔隙的体积与矿物颗粒的体积之比。在饱和土中,孔隙完全由水所充满,因此孔隙比可以用含水量(Water Content)来表示。孔隙比、容重和含水量彼此有联系,且与土粒比重有关。其定义如下:

含水量 $$w=\frac{\text{水的质量}}{\text{土粒的质量}}=\frac{m_w}{m_s}$$

孔隙比 $$e=\frac{\text{孔隙的体积}}{\text{土粒的体积}}=\frac{V_w}{V_s}$$

容重 $$\gamma=\frac{\text{土样的重量}}{\text{土样的体积}}=\frac{m}{V}$$

考虑到 $m_s=\gamma_w G_s V_s$ 及土粒质量 m_s 与土粒比重 G_s 之间的关系,可以得到基本的关系:

$$e=mG_s \tag{1.1}$$

$$\gamma=\frac{G_s+e}{1+e}\gamma_w \tag{1.2}$$

干容重 γ_d 是指土样单位体积内土粒的重量,用公式表示为

$$\gamma_d=\frac{G_s}{1+e}\gamma_w \tag{1.3}$$

本书中要大量地使用比容(Specific Volume)v。v 的定义是含有单位土粒体积的土样体积,即

$$v=1+e \tag{1.4}$$

$$w=\frac{v-1}{G_s} \tag{1.5}$$

$$\gamma=\frac{G_s+v-1}{v}\gamma_w \tag{1.6}$$

例 1.1 计算含水量和容重、比重及比容。

一圆柱形原状饱和土,直径 38 mm,高 78 mm,其质量为 142 g,烘干后质量是 86 g,试计算土的含水量和容重。

解 水的质量 $=142-86=56$ g

干土的质量 $=86$ g

故含水量 $$w=56/86=0.651$$

即
$$w = 65.1\%$$

$$饱和土的重量 = 142 \times 9.81 \times 10^{-6} = 1\ 393 \times 10^{-6}\ \mathrm{kN}$$

$$圆柱的体积 = \frac{\pi}{4} \times 38^2 \times 78 \times 10^{-9} = 88.46 \times 10^{-6}\ \mathrm{m^3}$$

所以
$$容重\ \gamma = 重量 / 体积 = 15.75\ \mathrm{kN \cdot m^{-3}}$$

从式(1.5)和式(1.6)得

$$\frac{\gamma}{\gamma_w} = \left(1 - \frac{1}{v}\right)\left(\frac{1}{w} + 1\right)$$

即
$$\frac{15.75}{9.81} = \left(1 - \frac{1}{v}\right)\left(\frac{1}{0.651} + 1\right)$$

故比容
$$v = 2.72$$

从式(1.5)可得土粒的比重为

$$G_s = \frac{v-1}{w} = \frac{1.72}{0.651}$$

因此
$$G_s = 2.64$$

1.4　黏性土的界限含水量

当黏性土含水量很大时土就成为泥浆，是一种黏滞流动的液体，称为流动状态；当含水量逐渐减少时，黏滞流动的特点逐渐消失而显示出塑性。塑性是指可以塑成任何形状而不发生裂缝，并在外力解除以后能保持已有形状而不恢复原状的性质。当含水量继续减少时，则发现土的可塑性逐渐消失，从可塑状态变为半固体状态。如果同时测定含水量减少过程中的体积变化，则可发现土的体积随着含水量的减少而减小，但当含水量很小的时候，土的体积不再随含水量的减少而减小，这种状态称为固体状态。从一种状态变到另一种状态的分界点称为分界含水量，流动状态与可塑状态间的分界含水量称为液限或流限 w_L；可塑状态与半固体状态间的分界含水量称为塑限 w_P。

塑限 w_P 是用搓条法测定的。液限 w_L 可用两种不同的仪器测定，碟式液限仪和锥式液限仪。在欧美等国家，大多采用碟式液限仪测定液限。我国采用平衡锥式液限仪测定。具体测试方法可参见相关试验标准。

液限(w_L)和塑限(w_P)也称为阿太堡(Atterberg)界限，用百分含水量取整数表示。

从液塑限可以进而得到三个指数值：

(1) 塑性指数

$$I_P = w_L - w_P \tag{1.7}$$

按照液塑限定义，塑性指数是土保持塑性的整个范围。在含少量黏粒的土中 I_P 会接近于零，而在纯蒙脱石黏土中，I_P 可以超过 500。

(2) 液性指数

$$I_L = \frac{w - w_P}{I_P} \tag{1.8}$$

式中，w 是含水量。(液性指数依据液塑限来说明土的现时状态。正常固结的软黏土的液性指数常常是接近 1.0，而超固结的硬黏土液性指数可能接近于零，在特殊的环境中，某些黏土（如“灵敏”黏土）流性指数可以大于 1.0。

（3）活动性

$$A=\frac{I_P}{\text{黏土的质量分数}} \tag{1.9}$$

活动性是同时含有粗粒和细粒的某种特定的土样内黏粒的塑性指数的量度方法。一种黏土的活动性与其黏土颗粒的矿物成分和孔隙水的化学成分有关系。

例 1.2 计算塑性指数、活动性和液性指数。

土的液、塑限为 $w_L=70$，$w_P=29$，土含黏粒的重量百分数为 46%。土的含水量 $\omega=59.3\%$，试计算土的塑性指数、活动性和液性指数。

塑性指数 $$I_P=70-29=41$$

活动性 $$A=\frac{41}{46}=0.89$$

液性指数 $$I_L=\frac{59.3-29}{41}=0.74$$

1.5 土的工程分类

20 世纪初期，瑞典土壤学家阿太堡（Atterberg）提出了土的粒组划分方法和土的液限、塑限的测定方法，为近代土分类系统的形成奠定了基础。

1.5.1 按颗粒级配或塑性指数分类

土按颗粒级配可以划分为碎石土、砂土和细粒土。其中，碎石土是指粒径大于 2 mm 的颗粒含量超过总质量的 50% 的土，按粒径和颗粒形状可进一步划分为漂石、块石、卵石、碎石、圆砾和角砾。砂土是指粒径大于 2 mm 的颗粒含量不超过总质量的 50% 且粒径大于 0.075 mm 的颗粒含量超过总质量的 50% 的土。砂土可再划分为 5 个亚类，即砾砂、粗砂、中砂、细砂和粉砂。粒径大于 0.075 mm 的颗粒含量不超过总质量的 50% 的土属于细粒土，细粒土可划分为粉土和黏性土两大类。黏性土根据塑性指数可再划分为粉质黏土和黏土两个亚类（见表 1.1）。

表 1.1 细粒土分类(GB50007—2002)

塑性指数	土的名称
$I_P>17$	黏　土
$10<I_P\leqslant 17$	粉质黏土
$I_P\leqslant 10$	粉　土

粉土是介于砂土和黏性土之间的过渡性土类，它具有砂土和黏性土的某些特征，根据黏粒含量可以将粉土再划分为砂质粉土和黏质粉土，具体划分标准见表 1.2。

表 1.2 黏土亚类的划分

颗粒含量	土的名称
粒径小于 0.005 mm 的含量小于等于总质量的 10%	砂质粉土
粒径小于 0.005 mm 的含量超过总质量的 10%	黏质粉土

1.5.2 按塑性图分类

塑性图分类最早由美国卡萨格兰特(Casagrande) 于 1942 年提出，是美国试验与材料协会(ASTM) 统一分类法体系中细粒土的分类方法，后来为欧美许多国家所采用。塑性图以塑性指数为纵坐标，液限为横坐标，如图 1.1 所示。图中有两条经验界限，斜线称为 A 线，其方程为 $I_P = 0.73(w_L - 20)$，作用是区分有机土和无机土、黏土和粉土。A 线上侧是无机黏土，下侧是无机粉土或有机土。竖线称为 B 线，其方程为 $w_L = 50$，作用是区分高塑性土和低塑性土。

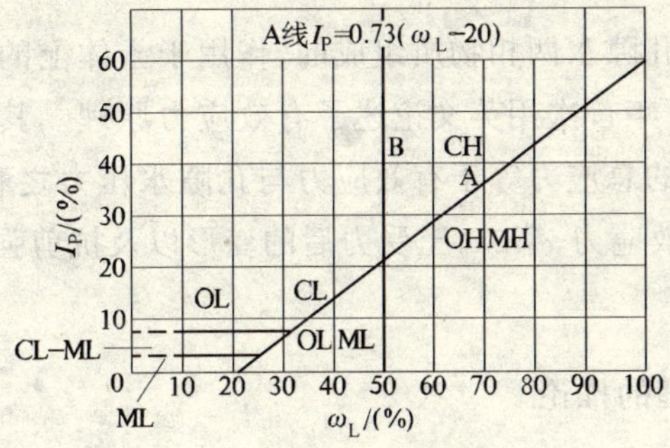

图 1.1 塑性图

在 ASTM 的分类体系中，在 A 线以上的土分类为黏土，如果液限大于 50，称为高塑性黏土 CH，液限小于 50 的土称为低塑性黏土 CL；在 A 线以下的土分类为粉土，液限大于 50 的土称为高塑性粉土 MH，液限小于 50 的土称为低塑性粉土 ML。在低塑性区，如果土样处于 A 线上，而塑性指数范围在 4 ～ 7 之间，则土的分类应给以相应的搭界分类 CL－ML。在应用 ASTM 塑性图分类时应注意其试验标准与我国的标准不同，其液限是用碟式仪测定的，我国通常采用锥式仪沉入深度 17 mm 或 10 mm 的标准。由于试验标准不同，测定的结果不一样，因此用塑性图分类的结果也可能不同。

1.6 小　结

(1) 土是一种非胶结的，或只有微弱胶结的矿物颗粒集合体，有液体充填其孔隙。

(2) 矿物颗粒由基本造岩矿物或造岩矿物化学变化后的产物组成。在饱和土内，水完全充满孔隙，孔隙水中的压力统称为孔隙压力。

(3) 土的性质可以根据级配(颗粒大小分配) 和液塑限加以分类。

(4) 土的现时状态可以用土的容重、含水量或者用比容来描述。它们之间有如下关系：

$$w = \frac{v - 1}{G_s}$$

$$\gamma = \frac{G_s + v - 1}{v}\gamma_w$$

第2章 有效应力原理与土的应力-应变状态

2.1 有效应力原理及其推论

2.1.1 有效应力原理

饱和土是由土颗粒和孔隙水两相物质组成的，作用于土体上的外部荷载由土骨架和孔隙水共同承担。泰沙基1936年首次用英文论述了有效应力原理。其论点有两方面：第一，饱和土体内任一水平面上受到的总应力等于有效应力与孔隙水压力之和，有效应力基本方程可以写为 $\sigma' = \sigma - \mu$，σ' 表示有效应力；第二，土受力后的变形以及抗剪强度的变化都是由于有效应力的变化造成的。

2.1.2 有效应力原理的推论

有效应力原理既是土力学的组成部分，又是土力学理论与方法的基础，在土力学中具有重要地位。为了进一步阐明有效应力原理，下面研究三条推论，并举出相应的例子。

推论1 结构和矿物成分相同的两种土，只要有效应力相同，其工程性状就一定相同。

例2.1 计算不同水位下同一种土的垂直有效应力。

解 图2.1表示同是土表面以下1.0 m的两个土单元体。图2.1(a)中，水位在土的表面，而图2.1(b)中的沉积物位于水深为10^4 m处。两单元体的容重都是19 kN·m^{-3}，海水的容重为10 kN·m^{-3}，试计算作用于两单元体上的垂直有效应力。

(a) 水位

$$\sigma_{\nabla} = \sum H_i \gamma_i = 19.0 \times 1.0 = 19.0 \text{ kPa}$$

$$\mu = H_w \gamma_w = 10.0 \times 1.0 = 10.0 \text{ kPa}$$

$$\sigma'_{\nabla} = \sigma_{\nabla} - \mu = 19.0 - 10.0 = 9.0 \text{ kPa}$$

(b) 水位

$$\sigma_{\nabla} = \sum H_i \gamma_i = 19.0 \times 1.0 + 10.0 \times 10^4 = 100\,019 \text{ kPa}$$

$$\mu = H_w \gamma_w = 10.0 \times 10\,001 = 100\,010 \text{ kPa}$$

$$\sigma'_{\nabla} = 9.0 \text{ kPa}$$

推论2 如果一个饱和土样在加载或卸载时体积和形状都丝毫没有变化，则有效应力亦不会改变。

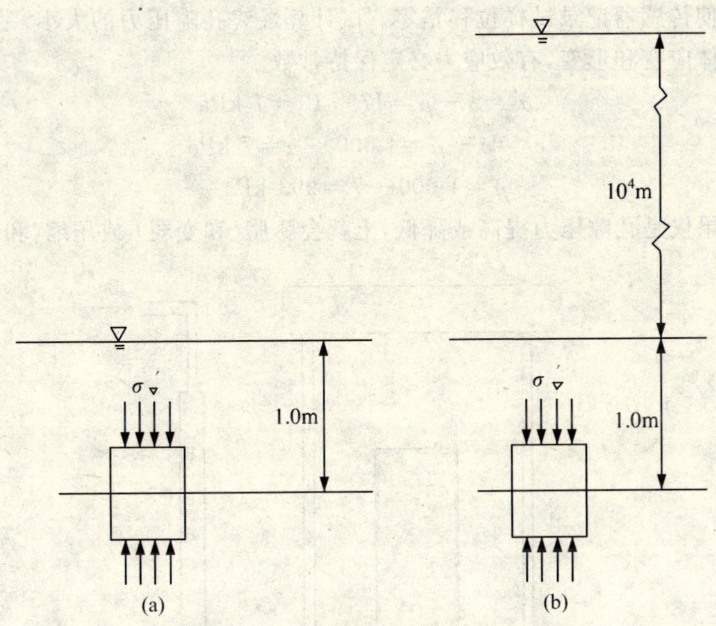

图 2.1　不同水位沉积物中的垂直应力

例 2.2　常体积各向等压加载试验中的应力和孔隙压力。

解　图 2.2 示出一简单试验，放置在光滑底座上的圆柱土样用薄橡皮膜密封，装在充满液体的容器内。用液压施加一各向均等的总应力 σ 于试样。总应力 σ 和孔隙压力 μ 可任意各自变化，试样尺寸用一套位移传感器 A 和 B 观测。

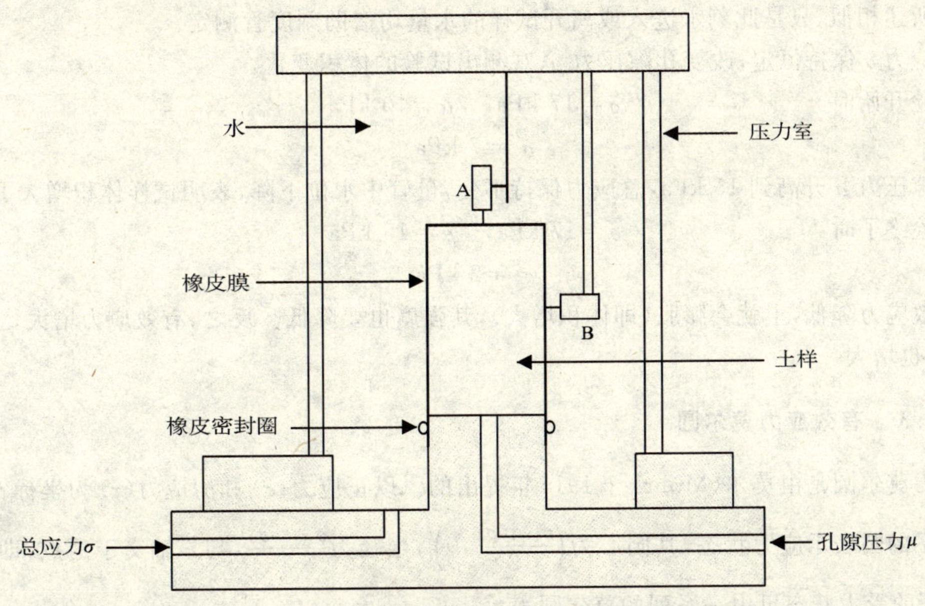

图 2.2　常体积各向等压压缩试验

试验开始，总应力是 $\sigma = 17$ kPa，孔隙压力是 $\mu = 10$ kPa。总应力提高到 $\sigma = 1\ 000$ kPa，同

时改变孔隙压力使传感器记录试样位移是零。试计算最终孔隙压力的大小。

既然土没有体应变和形变，有效应力必定保持常数。

试验开始时 $\sigma' = \sigma - \mu = 17 - 10 = 7\ \text{kPa}$

试验终了时 $\sigma' = \sigma - \mu = 1\,000 - \mu = 7\ \text{kPa}$

因此 $\mu = 1\,000 - 7 = 993\ \text{kPa}$

推论 3 如果仅是孔隙压力提高或降低，土就会膨胀(和变弱) 或压缩(和变强)。

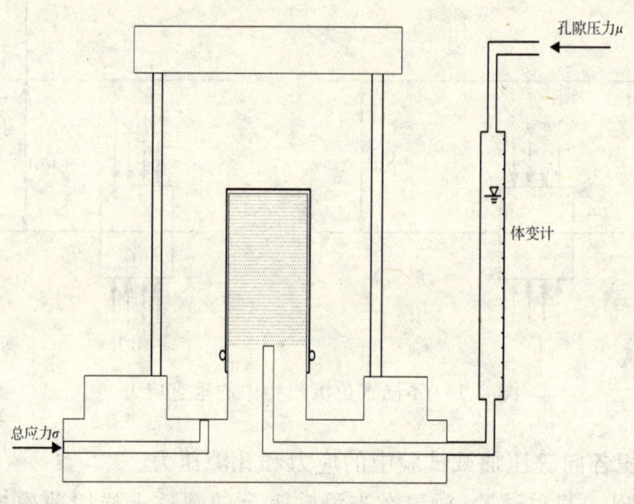

图 2.3 各向等压压缩试验

例 2.3 总应力不变，改变孔隙压力所产生的效应。图 2.3 示出一简单试验，仪器设备与例 2.2 所述相似，只是此刻水进入或离开试样的水量均借助刻度管测定。

总应力 σ 保持恒定，改变孔隙压力 μ，观测出试验的体积变化。

试验开始时 $\sigma = 17\ \text{kPa},\quad \mu = 10\ \text{kPa}$

因此 $\sigma' = 7\ \text{kPa}$

孔隙压力 μ 升高到 15 kPa，总应力保持不变，量管中水位下降，表明试样体积增大了。

试验终了时 $\sigma = 17\ \text{kPa},\quad \mu = 15\ \text{kPa}$

因此 $\sigma' = 2\ \text{kPa}$

有效应力降低，土就会膨胀(即体积增大)，其强度也要降低。反之，有效应力增大，土就压缩，强度也增大。

2.1.3 有效应力莫尔圆

应力莫尔圆是由莫尔(Mohr) 于 1914 年提出的。以正应力(σ) 和剪应力(τ) 为坐标轴的直角坐标系的圆表示应力状态，其圆心为$\left(\dfrac{\sigma_1 + \sigma_3}{2}, 0\right)$，半径为$\dfrac{\sigma_1 - \sigma_3}{2}$，与 σ 轴交于两点，即 σ_1 与 σ_3。不同的受力状态可由一系列的莫尔圆表示。

例 2.4 总应力莫尔圆与有效应力莫尔圆。

在图 2.4 中作用于立方土体各个面上的法向荷重 $F_1 = 441.5\ \text{kN}$，$F_2 = 294.3\ \text{kN}$，剪切荷重 $F_3 = F_4 = 98.1\ \text{kN}$，孔隙压力为 $\mu = 50\ \text{kPa}$，立方土体各边长都是 40 mm。试绘制总应力莫

尔圆与有效应力莫尔圆，求出土内总主应力和主平面方向。

解　定出坐标轴(x,z)如图 2.4 所示，由于考虑到各力的方向，总应力为

$$\sigma_x=\frac{F_2}{A}=183.9\ \text{kPa}$$

$$\sigma_y=\frac{F_1}{A}=275.9\ \text{kPa}$$

$$\tau_{xz}=\tau_{zx}=\frac{F_3}{A}=61.3\ \text{kPa}$$

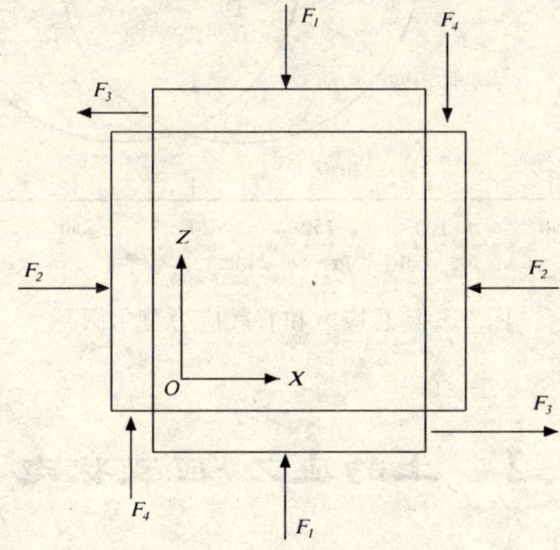

图 2.4　荷载示意图

总应力莫尔圆如图 2.5 所示。作此莫尔圆时，逆时针剪应力 τ_{zx} 绘成正值，而顺时针剪应力画成负值。从图上用比例尺量得，总主应力是 $\sigma_1=306$ kPa 和 $\sigma_3=154$ kPa，莫尔圆的极点在 P 点，大主平面与 x 轴成 26° 角度。

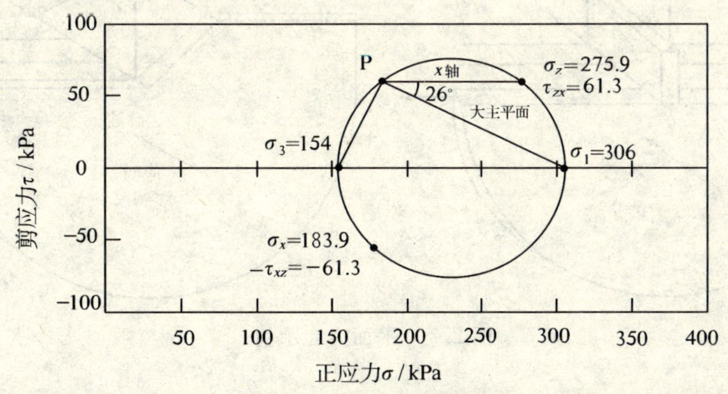

图 2.5　总应力莫尔圆

有效主应力用 $\sigma'_1=\sigma_1-\mu$ 和 $\sigma'_3=\sigma_3-\mu$ 表示，因此

$$\sigma'_1=256\ \text{kPa},\quad \sigma'_3=104\ \text{kPa}$$

总应力和有效应力莫尔圆示于图 2.6。

有效应力莫尔圆中极点的位置与总应力莫尔圆相同，土中总应力和有效应力两者的主平

面位置也是一致的。

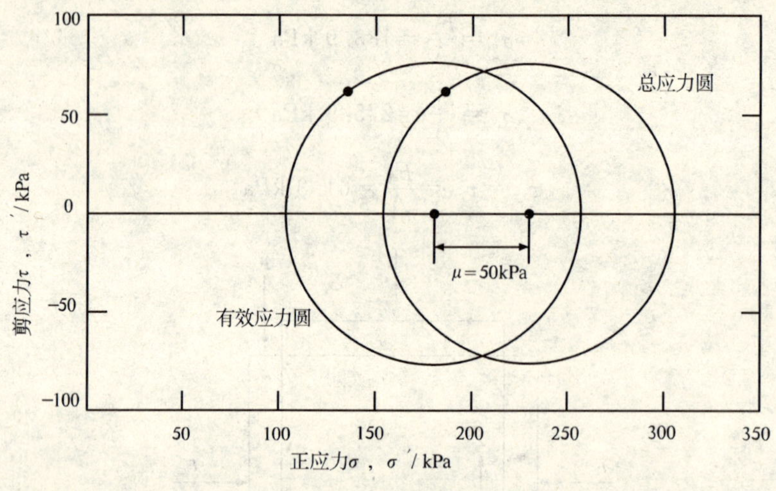

图 2.6　总应力和有效应力莫尔圆

2.2　土的应力-应变状态

2.2.1　平面应变状态与轴对称状态

$\varepsilon_Y=0$ 的三维应变状态情况，通称平面应变状态。长墙下面和长坡后面土所处条件(见图 2.7)非常接近于平面应变。

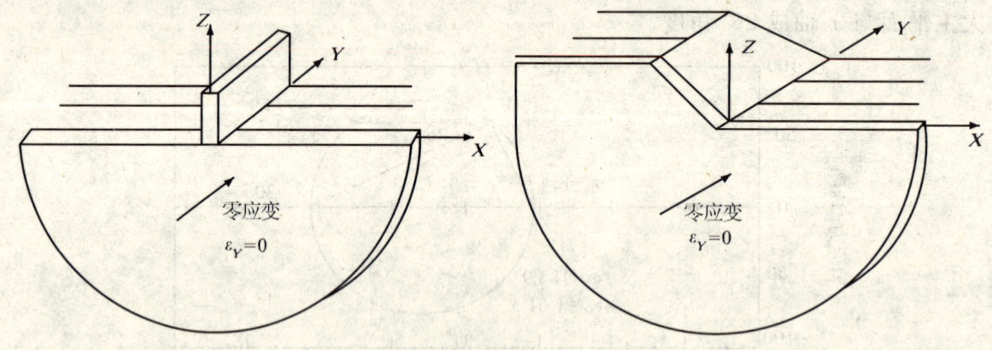

图 2.7　平面应变示例

均质或水平层状地基上的圆形基础均匀加载或中心加载时，过基础中心的竖向轴就是对称轴。三轴试样、单桩或沉箱基础等都有对称轴。轴对称问题一般选用柱坐标 r(径向)，Z(竖向)和 θ(环向)。因为对称，θ 方向的位移为零，r 和 Z 方向的位移和 θ 无关。平面应变状态与轴对称状态是土力学中最常见的应力-应变状态。如图 2.8 所示为轴对称受力示意图。

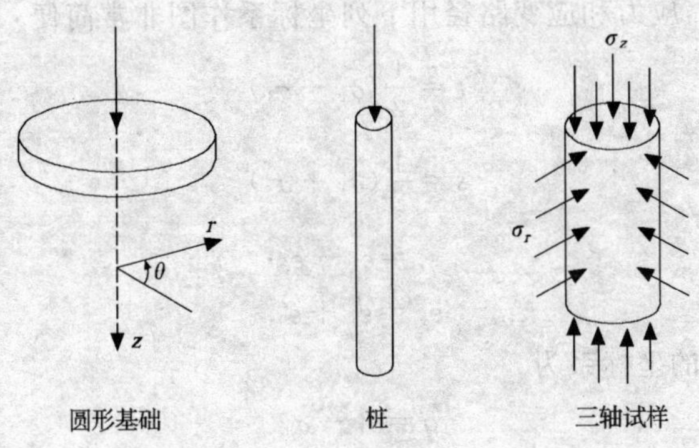

图 2.8　轴对称受力示意图

2.2.2　应力与应变路径

如果一种完全弹性材料在弹性范围内加荷或卸荷，材料的性状就只取决于初始和最终应力状态，而与加荷或卸荷过程中所取的方法无关。但土的性状不仅取决于初始和最终应力状态，而且也与应力和应变状态变化的方式、前期的加荷历史有关。

如图 2.9 所示，用三个坐标轴σ_1'，σ_2'和σ_3'定义一个有效应力空间，在某单元内有效应力的瞬时状态可以在有效应力空间内画成一点，而瞬时有效应力状态的全部点连接而成的线被定义为有效应力路径(Effective Stress Path)。同样用σ_1'，σ_2'和σ_3'轴定义一个总应力空间绘出总应力路径(Total Stress Path)。把总应力和有效应力坐标轴叠合在一起，总应力路径和有效应力路径就会相隔相当于孔隙压力大小的一段距离。以同样的方式，定义 ε_1，ε_2 和 ε_3 轴，将瞬时应变状态连接成线，绘出应变路径，也能描绘单元内应变状态历史。

如图 2.9 所示有效应力路径代表一种加载顺序，由下面各段组成：O′A′ 表示 σ_1，σ_2 和 σ_3 从零开始等值地增大；A′B′ 表示 σ_1 增大，σ_2 和 σ_3 保持常数；B′C′ 表示 σ_2 和 σ_3 增大，σ_1'保持常数。

如图 2.9 所示三维应力路径的方法相当麻烦，这种路径既不容易观察，也不便于使用。在各种不同情况下可以选择不同的坐标系以得到单元加荷历史的更简单的图像。

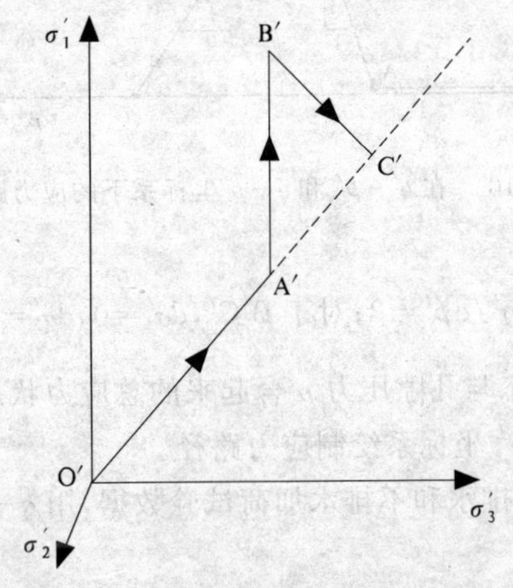

图 2.9　三维有效应力空间的应力路径

对于平面应变条件，应力和应变路径用下列坐标系作图非常简便

$$t=\frac{1}{2}(\sigma_1-\sigma_3) \tag{2.1}$$

$$s=\frac{1}{2}(\sigma_1+\sigma_3) \tag{2.2}$$

$$\varepsilon_r=\varepsilon_1-\varepsilon_3 \tag{2.3}$$

$$\varepsilon_V=\varepsilon_1+\varepsilon_3 \tag{2.4}$$

对于轴对称所选择的坐标系为

$$q=\sigma_1-\sigma_3 \tag{2.5}$$

$$p=\frac{1}{3}(\sigma_1+2\sigma_3) \tag{2.6}$$

$$\varepsilon_V=\frac{2}{3}(\varepsilon_1+2\varepsilon_3) \tag{2.7}$$

$$\varepsilon_s=\frac{2}{3}(\varepsilon_1-\varepsilon_3) \tag{2.8}$$

应力路径可以用总应力或有效应力两种方式作图表示，总应力与有效应力之间的关系可以表示为

$$t'=t \tag{2.9}$$

$$s'=s-\mu \tag{2.10}$$

$$p'=p-\mu \tag{2.11}$$

$$q'=q \tag{2.12}$$

图 2.10 所示即为图 2.9 所示路径在 $p'-q'$ 坐标系下的应力路径。

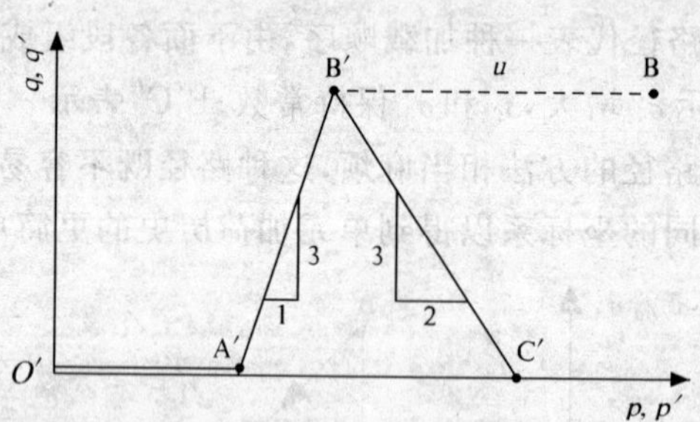

图 2.10　在 $q'-p'$ 和 $q-p$ 坐标系下的应力路径

对于 A′B′，$d\sigma_2'=d\sigma_3'=0$，$dq'/dp'=3$；对于 B′C′，$d\sigma_1'=0$，$d\sigma_2'=d\sigma_3'$，$dq'/dp'=-\frac{3}{2}$。点 B 表示相当于点 B′ 的有效应力状态与孔隙压力 μ 合起来的总应力状态。

例 2.5　用 $q-p$ 和 $q'-p'$ 坐标系绘制应力路径。

利用表 2.1 和表 2.2 中的排水和不排水加荷试验数据，用 $q-p$ 和 $q'-p'$ 坐标系绘制总应力和有效应力路径。

表 2.1　排水加荷试验　　　　单位：kPa

σ_1	σ_2	μ	σ_1'	σ_3'	q	p	q'	p'
300	300	100	200	200	0	300	0	200
400	300	100	300	200	100	333	100	233
500	300	100	400	200	200	367	200	267
565	300	100	465	200	265	388	265	288
590	300	100	490	200	290	397	290	297

表 2.2　不排水加荷试验　　　　单位：kPa

σ_1	σ_2	μ	σ_1'	σ_3'	q	p	q'	p'
300	300	100	200	200	0	300	0	200
350	300	165	185	135	50	317	50	152
380	300	200	180	100	80	327	80	127
396	300	224	172	76	96	332	96	108
398	300	232	166	68	98	333	98	101

所求总应力和有效应力路径示于图 2.11。

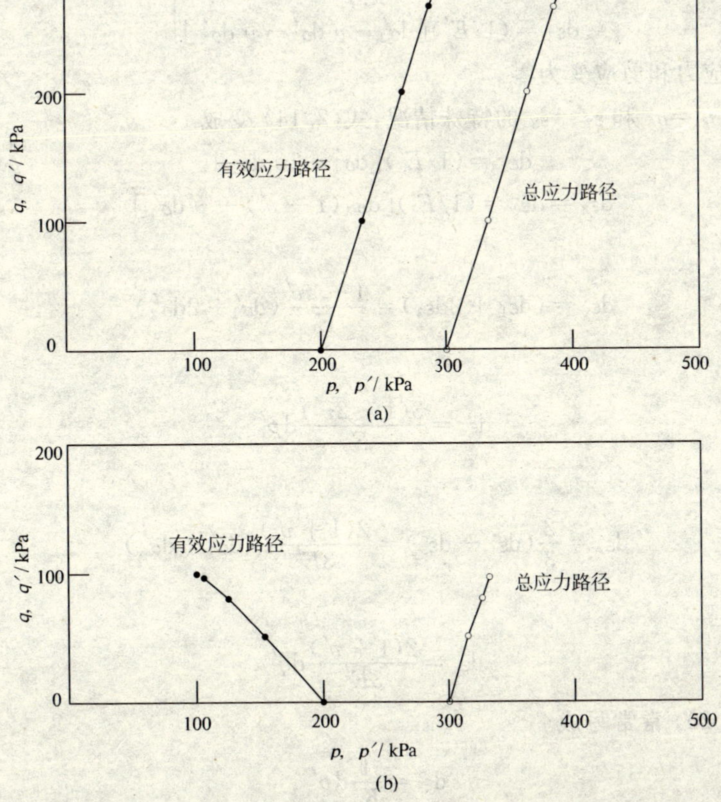

图 2.11　应力路径

(a) 排水加荷试验；(b) 不排水加荷试验

2.3 理想弹性土的应力-应变性状

在一定条件下，一些饱和土体被认为是理想弹性材料。考虑到这些土体遵守有效应力原理，因此应变也取决于有效应力，而不是总应力。

遵守有效应力原理的理想土体材料的应力-应变性状也可用广义胡克定律表示：

$$\left.\begin{aligned}
d\varepsilon_X &= (1/E')[d\sigma'_X - v'd\sigma'_Y - v'd\sigma'_Z] \\
d\varepsilon_Y &= (1/E')[d\sigma'_Y - v'd\sigma'_Z - v'd\sigma'_X] \\
d\varepsilon_Z &= (1/E')[d\sigma'_Z - v'd\sigma'_X - v'd\sigma'_Y] \\
dr_{XY} &= (2/E')(1+v')d\tau'_{XY} \\
dr_{YZ} &= (2/E')(1+v')d\tau'_{YZ} \\
dr_{YX} &= (2/E')(1+v')d\tau'_{ZX}
\end{aligned}\right\} \tag{2.13}$$

式中，E' 和 v' 是相当于有效应力变化的弹性模量和泊松比。E' 和 v' 值假定在应力与应变小增量下保持常量，因为材料假定为线弹性，式(2.13) 对于应力和应变大增量 $\Delta\sigma'$ 和 $\Delta\varepsilon$ 成立。写成主应力和主应变形式，式(2.13) 变成

$$\left.\begin{aligned}
d\varepsilon_1 &= (1/E')[d\sigma'_1 - v'd\sigma'_2 - v'd\sigma'_3] \\
d\varepsilon_2 &= (1/E')[d\sigma'_2 - v'd\sigma'_3 - v'd\sigma'_1] \\
d\varepsilon_3 &= (1/E')[d\sigma'_3 - v'd\sigma'_1 - v'd\sigma'_2]
\end{aligned}\right\} \tag{2.14}$$

因为主平面上剪应力和剪应变为零。

对于轴对称 $\sigma_2 = \sigma_3$ 和 $\varepsilon_2 = \varepsilon_3$ 的特殊情况，式(2.14) 变成

$$d\varepsilon_1 = (1/E')[d\sigma'_1 - 2v'd\sigma'_3] \tag{2.15}$$

$$d\varepsilon_2 = d\varepsilon_3 = (1/E')[d\sigma'_3(1-v') - v'd\sigma'_1] \tag{2.16}$$

因此

$$d\varepsilon_v = (d\varepsilon_1 + 2d\varepsilon_3) = \frac{1-2v'}{E}(d\sigma'_1 + 2d\sigma'_3) \tag{2.17}$$

或者

$$d\varepsilon_v = \frac{3(1-2v')}{E}dp' \tag{2.18}$$

同样

$$d\varepsilon_s = \frac{2}{3}(d\varepsilon_1 - d\varepsilon_3) = \frac{2(1+v')}{3E'}(d\sigma'_1 - d\sigma'_3) \tag{2.19}$$

或

$$d\varepsilon_s = \frac{2(1+v')}{3E'}dq' \tag{2.20}$$

式(2.18) 和式(2.20) 常常写成

$$d\varepsilon_s = \frac{1}{K'}dp' \tag{2.21}$$

$$d\varepsilon_s = \frac{1}{3G'}dq' \tag{2.22}$$

式中，$K' = \frac{1}{3}E'/(1-2v')$ 通称体积弹性模量；$G' = \frac{1}{2}E'/(1+v')$ 通称剪切模量。

式(2.21) 和式(2.22) 说明了各向同性的理想弹性材料的一个重要特性。当应变不变量正好与应力不变量对应相关时，剪应变增量 $d\varepsilon_s$ 只取决于相应的应力不变量的增量 dq'；同样，体积应变增量 $d\varepsilon_v$ 只取决于相应的应力不变量的增量 dp'。为了强调这一点，式(2.21) 和式(2.22) 可以写成

$$d\varepsilon_v = \frac{1}{K'}dp' + 0 \times dq' \tag{2.23}$$

$$d\varepsilon_s = 0 \times dp' + \frac{1}{3G'}dq' \tag{2.24}$$

因此体积应变 ε_s 与应力不变量 p' 有关系，而与 q' 无关，可是剪应变 ε_s 与应力不变量 q' 有关，而与 p' 无关。尽管式(2.23) 和式(2.24) 是对于特殊情况 $\sigma_2'=\sigma_3'$ 推导出来的，结果证明，在适当的增量范围内，对于各向同性线弹性材料的一般应力状态，两式仍是有效的。

2.4　小　　结

(1) 有效应力定义为

$$\sigma' = \sigma - \mu$$

(2) 土受力后的变形以及抗剪强度的变化都是由于有效应力的变化所造成的，与孔隙水压力无关。

(3) 莫尔圆可用来分析应力与应变状态，最简单的分析方法是使用极点作图法。

(4) 总应力和有效应力莫尔圆具有相同的直径，但相隔一个大小等于孔隙压力的距离。

(5) 应力主平面上剪应力为零，各对应变主平面上剪应变为零。

(6) 土单元的应力历史，可以用应力路径图表示，而变形历史也可用应变路径图表示。

(7) 对于平面应变条件，有效应力和应变路径用下列坐标系作图非常简便。

$$t' = \frac{1}{2}(\sigma_1' - \sigma_3')$$

$$s' = \frac{1}{2}(\sigma_1' + \sigma_3')$$

$$\varepsilon_r = (\varepsilon_1 - \varepsilon_3)$$

$$\varepsilon_v = (\varepsilon_1 + \varepsilon_3)$$

(8) 对于轴对称所选择的坐标系为

$$q' = (\sigma_1' - \sigma_3')$$

$$p' = \frac{1}{3}(\sigma_1' + 2\sigma_3^1)$$

$$\varepsilon_v = \frac{2}{3}(\varepsilon_1 + 2\varepsilon_3)$$

$$\varepsilon_s = \frac{2}{3}(\varepsilon_1 - \varepsilon_3)$$

(9) 应力路径可以用总应力或有效应力两种方式作图表示，总应力与有效应力参量之间的关系是

$$t' = t$$

$$s' = s - \mu$$

$$q' = q$$

$$p' = p - \mu$$

(10) 对于各向同性的理想弹性土

$$d\varepsilon_v = \frac{1}{K'} dp' + 0 \times dq'$$

$$d\varepsilon_s = 0 \times dp' + \frac{1}{3G'} dq'$$

第3章 土的室内力学性能试验

土样的室内试验，在土力学研究和土木工程实践中起着重要作用。常见的室内力学性能试验包括三轴试验、直剪试验和固结试验。本章重点讲述三轴试验和固结试验。

3.1 土工试验的边界条件与分类

3.1.1 土工试验的边界条件

1. 接触方式

土样施加压力可以用刚性板或柔性膜完成。

如果刚性板是粗糙的，剪应力就会从荷载板传送到土样内。如果荷载板面是完全光滑的和无摩擦的，土与荷载板之间就不可能有剪应力。在这种情形下按定义荷载板上的正应力是主应力，与荷板面平行的面就是试样的应力主平面。

柔性膜通常是由乳胶膜组成的，液压作用在其上，如果膜薄而软，剪力就不会传递到土内。与薄膜各面平行的平面是土样的主平面，薄膜外面的液压就是土样内的主应力，主应力均匀分布在此土样表面上，只有在薄膜边缘处例外。

2. 加荷控制方式

试验时，可以采用加荷重或压力于试样来改变应力状态，观测由此引起的应变状态的变化。试验时，使加荷板产生位移来改变应变状态，观测需要的应力状态的变化，这通称为应变控制加荷，如果应变增大的速率相同，则称为等应变控制加荷。

在室内试验土样，最简单的应力控制试验则是在加荷框架上加砝码或液压力，如果加荷速率相同，称为等应力加荷。

3. 排水控制方式与孔隙压力

在试验过程中，如果能够控制排水，或控制孔隙压力或同时控制两者，就控制了土样内的有效应力状态。如果假设土粒和水不可压缩，控制了从试样挤出的水或吸进的水的体积，就控制了试样的体积。

为了控制试验期间的排水，试样必须封隔在乳胶膜内，通过外接一个测孔隙压力的压力传感器、一个控制排水的阀门和一个体积量管，用来记录进入和排出试样的水的体积，如图3.1所示。

在图3.1的试验中，如果阀门关闭，没有水流出(或流进)试样，则通称为不排水试验。在不排水试验中试样体积将保持不变，应力改变，反映于土，孔隙压力就会改变。假定土料和水不可压缩，试样体积在不排水试验过程绝不会改变。

如果阀门打开，孔隙压力保持常数，有效应力改变反映于土的体积，试样就会有水流出(或流进)，这种试验通称为排水试验。在排水试验中孔隙压力保持常量，总应力的变化和有效应力的变化是相同的。若体积量管与大气相通，则孔隙压力为零。

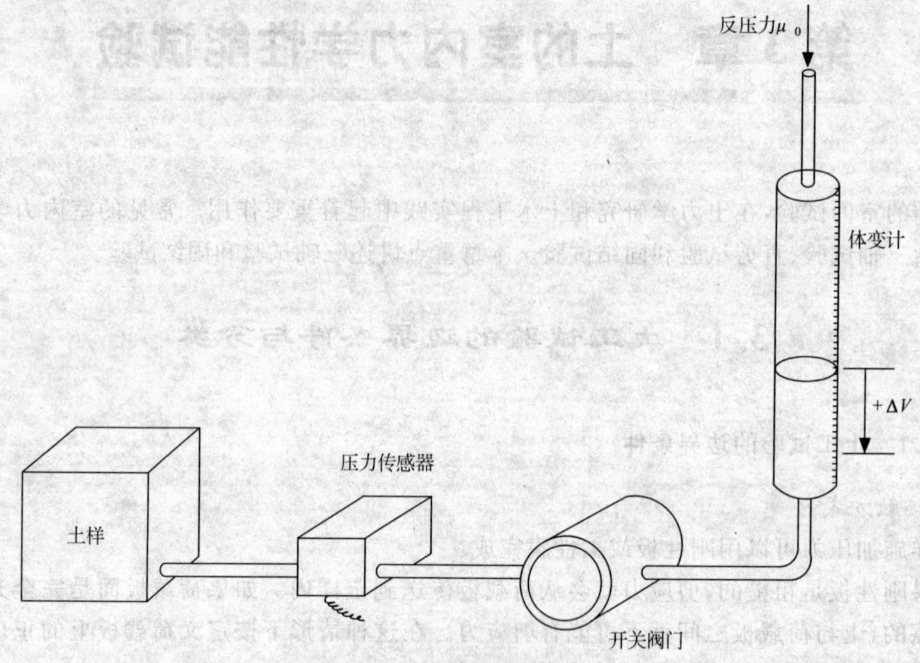

图 3.1　体应变和孔隙压力监测装置

水从孔隙中挤出，引起土体积变化，这种与时间相关的过程通称为固结。土的体积和有效应力之间的关系，则是一种与时间无关的关系，通称为压缩。

3.1.2　土工试验分类

三轴试验、单向固结试验和直剪试验常用于工程设计，其余的试验，真三轴、平面应变、单剪、各类空心圆柱和扭剪试验通常是为了研究目的而开展的。根据应力条件可以对土工试验进行分类，见表 3.1。土的剪力试验分类见表 3.2。

表 3.1　某些常用土工试验中的应力条件

特定条件	试验名称	示意图
$\sigma_a \neq \sigma_b \neq \sigma_c$	真三轴	σ_a σ_c σ_b
$\sigma_b \neq \sigma_r \neq 0$	圆柱压缩 （“三轴”试验）	σ_b σ_r σ_c

续 表

特定条件	试验名称	示意图
$\varepsilon_b = 0$	平面应变或双轴应变	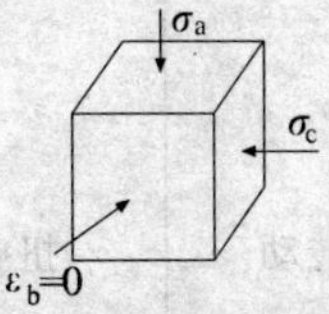 σ_a σ_c $\varepsilon_b=0$
$\sigma_b = 0$	平面应力	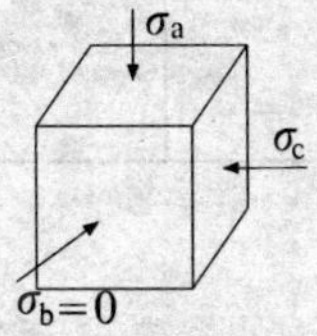 σ_a σ_c $\sigma_b=0$
$\varepsilon_b = \varepsilon_c = \varepsilon_r = 0$	一维压缩	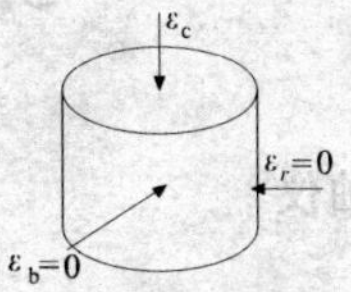 ε_c $\varepsilon_r=0$ $\varepsilon_b=0$
$\sigma_b \neq \sigma_r = 0$	单轴压缩或 无侧限压缩	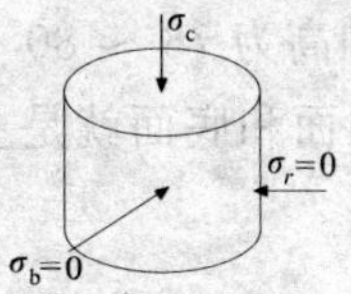 σ_c $\sigma_r=0$ $\sigma_b=0$
$\sigma_a = \sigma_b = \sigma_c = \sigma$	各向等压压缩	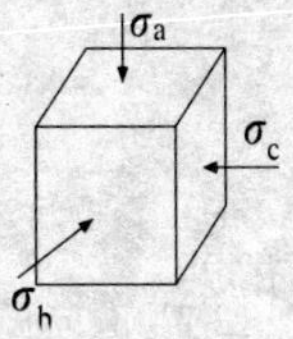 σ_a σ_c σ_h

表 3.2　土的剪力试验

承压板	试验名称	示意图
粗糙，不转动	直　剪	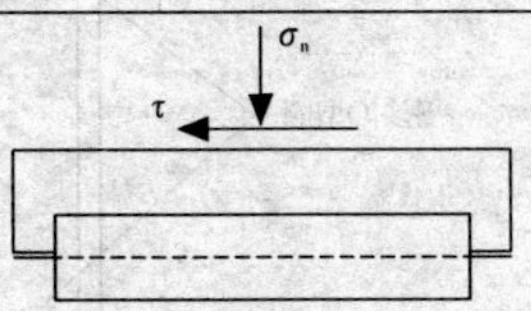 σ_n τ
粗糙，转动	单　剪	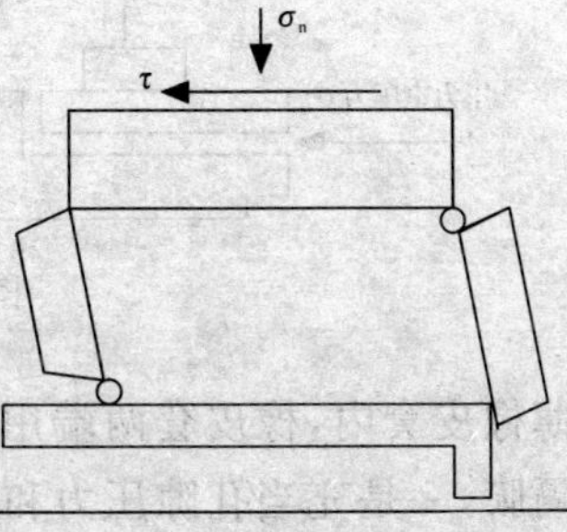 σ_n τ

续 表

承压板	试验名称	示意图
粗糙,不转动	扭剪(环剪)	σ_n τ

3.2　三轴仪与固结仪

3.2.1　三轴仪

常规三轴仪如图 3.2 所示。土样通常是高度约为直径两倍的圆柱体。试样的常用尺寸是直径为 38 mm 和高为 78 ～ 80 mm。顶部和底部刚性压板假定是光滑的,且在试验中保持水平,这样试样的顶面和底面就是主应力面。

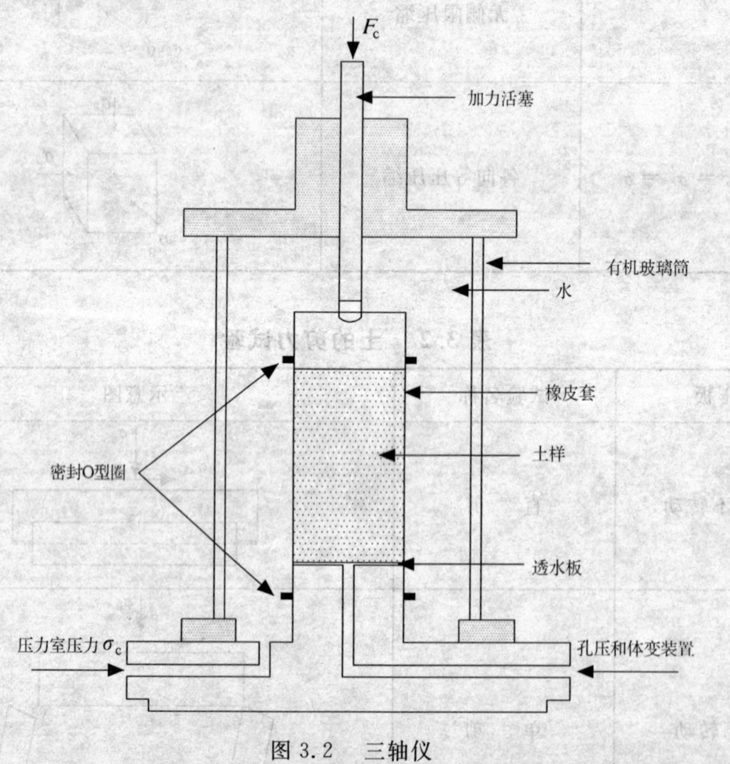

图 3.2　三轴仪

试样包在薄橡皮套内,橡皮套两端用 O 型圈封口于顶板和底板上。橡皮套起两个作用,一是作为柔性隔膜,一是充当孔隙压力和总压力隔离层。假定试样在变形时保持正圆柱体,则试样的垂直侧面是应力和应变主平面。

密封的试样置于充满水的压力室内，室内压力 σ_c 使试样垂直侧面上施加一个均匀径向总应力 σ_r，在刚性顶板上也加有相等的均匀的垂直应力，如图 3.3 所示。一个无摩擦的活塞穿过压力室顶盖，在顶压板上施加一个附加力 F_a。此力在压力室外部用钢环或在内部用力传感器测出。

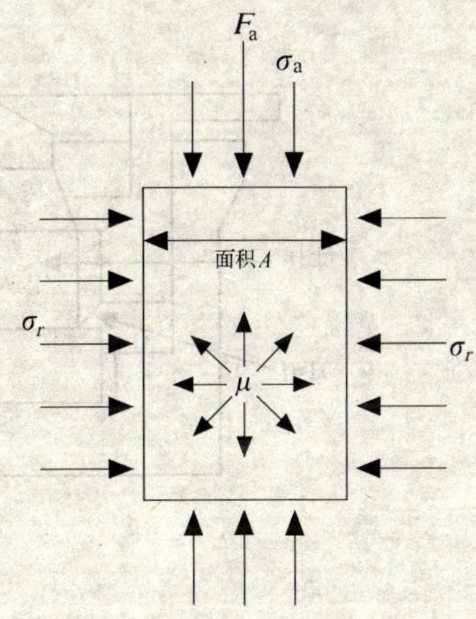

图 3.3　三轴试样上的应力

设与 F_a 正交的试样横断面面积是 A，如图 3.3 所示，轴向总应力 σ_a 就是

$$\sigma_a = \sigma_r + F_a/A$$

$$F_a/A = \sigma_a - \sigma_r \tag{3.1}$$

试样发生变形，其尺寸改变，在试验进行过程中横截面积就会改变。假定试样仍然是直圆柱体，设未应变的试样初始横截面积为 A_0，初始体积为 V_0，初始长度为 L_0，式(3.1) 中的实时面积就表示为

$$A = A_0 \frac{1 + (\Delta V/V_0)}{1 + (\Delta L/L_0)} = A_0 \frac{1 - \varepsilon_V}{1 - \varepsilon_a} \tag{3.2}$$

式中　$\Delta V, \Delta L$—— 试样体积和长度的变化量；

$\varepsilon_V, \varepsilon_a$—— 实时体积应变和轴向应变。

加荷活塞上的力并不等于轴应力，此力产生的应力等于 $\sigma_a - \sigma_r$，通称为偏应力。

试样的轴向变形，用位移传感器或千分表对活塞的位移予以测定。轴向荷重 F_a 也就是偏应力，它可以用两种方式改变，一种是应变控制方式，一种是应力控制方式。

透水石置于试样和底压板之间，排水接头通过压力室底座与孔隙压力和体积变化测量设备连通，通常不直接测量径向变形，径向变形可以从体积变化和轴向变形算出。

用三轴仪单独或者同时改变轴向总应力 σ_a、径向总应力 σ_r 或孔隙压力 μ，可以给试样加荷。

当加荷活塞受压时，F_a 是正值，因此 $\sigma_a > \sigma_r$，从而 $\sigma_a = \sigma_1$ 和 $\sigma_r = \sigma_2 = \sigma_3$。此种应力状态通称三轴压缩。

如果加荷活塞与顶压板接触，活塞上荷载为零，$\sigma_a = \sigma_r$ 土样内应力状态是等压压缩。当 $\sigma_c = 0$ 时，应力状态就是单轴或无侧限压缩。

最常用的三轴试验是简单三轴压缩试验，试验中压力室的压力 $\sigma_c = \sigma_r$ 保持不变，偏应力 $\sigma_a - \sigma_r$ 随着加荷活塞力增大而增大。

3.2.2　固结仪

标准固结仪的剖面图如图 3.4 所示，土样是一维应变状态，即 $\varepsilon_r = \varepsilon_b = \varepsilon_c = 0$。

在常规固结试验的过程中，轴向应力的改变以应力控制方式，用改变顶板支托的吊盘上的砝码来实现。轴应力 σ_a 的大小很容易从固定的土样面积和现时轴向荷载算出。轴应变 ε_a 用测微表或位移传感器观测出顶压板下沉予以确定。

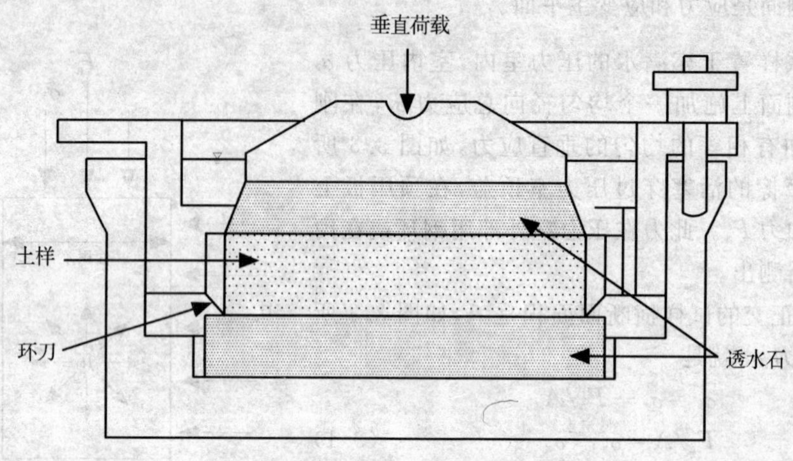

图 3.4　固结仪

3.3　典型土的力学性能室内试验

3.3.1　土的三轴压缩试验

三轴压缩试验可以是排水或不排水试验,也可以是应力控制式或应变控制式。活塞以固定速度向压力室内推进的等应变控制方式更为常见。

例 3.1　整理三轴排水试验资料。

表 3.3 的前三栏表示某个土样的排水三轴压缩试验数据。试验中压力室压力固定在 $\sigma_c=300$ kPa,孔隙水压力 $\mu=100$ kPa 不变。在试验开始时,试样直径为 38 mm,高为 78 mm。试将试验成果制作成 $q'=\sigma'_1-\sigma'_3$ 和体积应变 ε_V 对轴向应变 ε_a 两种曲线图。

表 3.3　三轴排水剪试验资料

轴向力 F_a / N	高度变化 ΔL / mm	排水体积 ΔV_w / 10^{-3} mm^3	体积应变 ε_V	轴向应变 ε_a	面积 / 10^{-3} mm^2	$q'_1=(\sigma'_1-\sigma'_3)$/kPa
0	0	0	0	0	1.134	0
115	−1.95	0.88	0.010	0.025	1.151	100
235	−5.85	3.72	0.042	0.075	1.174	200
325	−11.70	7.07	0.080	0.150	1.227	265
394	−19.11	8.40	0.095	0.245	1.359	290
458	−27.30	8.40	0.095	0.350	1.579	290

解　土样的横截面积 A_0 和初始体积 V_0 是

$$A_0=\pi/4\times 38^2\times 10^{-6}=1.134\times 10^{-3}\ \text{m}^2$$

$$V_0 = 1.134 \times 10^{-3} \times 78 \times 10^{-3} = 88.46 \times 10^{-6}\ \mathrm{m}^3$$

试样体积增加量 $\Delta V = -\Delta V_w$，ΔV_w 是挤出的水的体积。设试样一开始是未产生应变的，具有初始体积 V_0 和初始高度 L_0，则体积应变 ε_V 和轴向应变 ε_a 用下式表示：

$$\varepsilon_V = -\Delta V / V_0 = \Delta V_w / V_0$$

$$\varepsilon_a = -\Delta L / L_0$$

在试验的任一阶段，试样的横截面积用式(3.2)表示成

$$A = A_0[(1-\varepsilon_V)/(1-\varepsilon_a)]$$

对于三轴压缩，$\sigma'_1=\sigma'_r \sigma'_3=\sigma'_r$ 所以 $q'=(\sigma'_a-\sigma'_r)=F_a/A$。

q'_1，ε_V 和 ε_a 的计算值列在表 3.3 内，绘成曲线如图 3.5 所示。

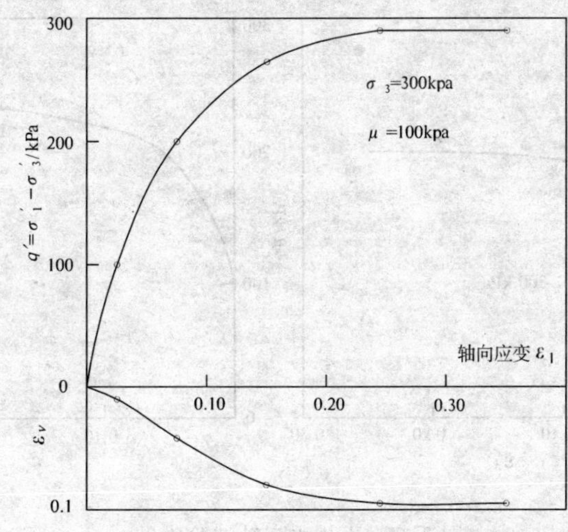

图 3.5　排水三轴试验成果

例 3.2　整理三轴不排水压缩试验资料。

表 3.4 的前三栏提供了土样的三轴不排水压缩试验数据。试验中压力室压力固定在 $\sigma_c = 300$ kPa。试验开始时，土样直径为 38 mm，高为 78 mm，起始孔隙压力 $\mu_0 = 100$ kPa。试将试验结果制作成 $q' = \sigma'_1 - \sigma'_3$ 和孔隙压力 μ 对轴应变 ε_a 的关系图。

表 3.4　三轴不排水剪试验资料

轴向力 F_a/N	高度变化 ΔL/m	孔隙压力 μ/kPa	轴向应变 ε_a	面积 $\frac{}{10^{-3}\ \mathrm{mm}^2}$	$\frac{q'_1=\sigma'_1-\sigma'_3}{\mathrm{kPa}}$
0	0	100	0	1.134	0
58	−1.95	165	0.025	1.163	50
96	−4.29	200	0.055	1.200	80
124	−9.36	224	0.120	1.289	96
136	−14.04	232	0.180	1.383	98
148	−19.50	232	0.250	1.512	98

解　计算按例 3.1 中的步骤进行，因此

$$A_0 = 1.134 \times 10^{-3}\ \mathrm{m}^2$$

$$\varepsilon_V = 0 \text{（因为试验是不排水的）}$$

$$\varepsilon_a = -\Delta L / L$$

$$A = \frac{A_0}{1-\varepsilon_a}$$

$$q' = \sigma_1' - \sigma_3' = F_a / A$$

计算结果列在表 3.4 中。q' 和 μ 值相对于 ε_a 的关系作于图 3.6 中。

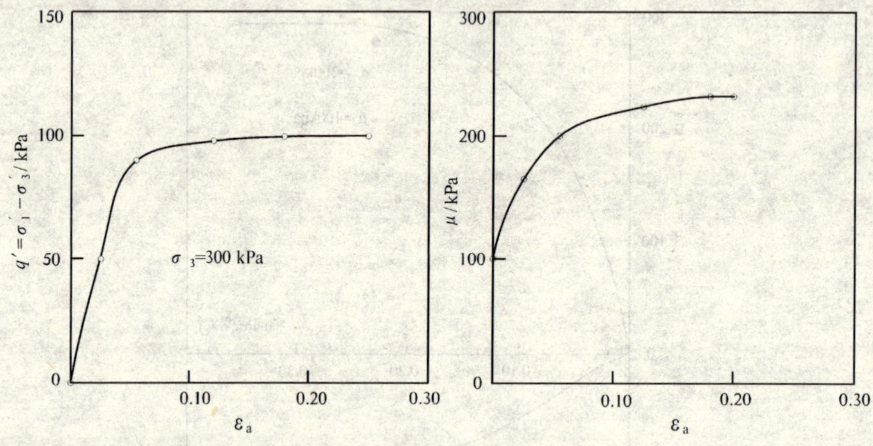

图 3.6　不排水三轴试验成果

例 3.3　三轴试样的破坏。

在图 3.5 和图 3.6 的两幅图中 q' 对 ε_a 的关系曲线，在 q' 到达某一极限值的地方变成水平，试样继续形变而产生破坏，应力体积或孔隙压力则不再改变。试将两试验破坏时的总应力和有效应力莫尔圆绘在同一张图上。

解　(a) 排水试验中，破坏时的 q' 接近 $\sigma_1' - \sigma_3' = 290$ kPa，最先出现在轴应变大约为 $\varepsilon_a = 0.25$ 时，在排水试验整个过程中 $\sigma_3 = \sigma_c = 300$ kPa，$\mu = 100$ kPa。因此破坏时主应力为

$$\sigma_1 = 590\ \mathrm{kPa}, \quad \sigma_3 = 300\ \mathrm{kPa}$$

$$\sigma_1' = 490\ \mathrm{kPa}, \quad \sigma_3' = 200\ \mathrm{kPa}$$

(b) 不排水试验中，破坏时 q' 接近 $\sigma_1' - \sigma_3' = 98$ kPa，最初出现在轴应变为 $\varepsilon_a = 0.18$ 时，此时孔隙压力 $\mu = 232$ kPa。在不排水试验整个过程中 $\sigma_3 = \sigma_c = 300$ kPa，破坏时主应力为

$$\sigma_1 = 398\ \mathrm{kPa}, \quad \sigma_3 = 300\ \mathrm{kPa}$$

$$\sigma_1' = 166\ \mathrm{kPa}, \quad \sigma_3' = 68\ \mathrm{kPa}$$

两个试样破坏时的总应力和有效应力莫尔圆示于图 3.7。

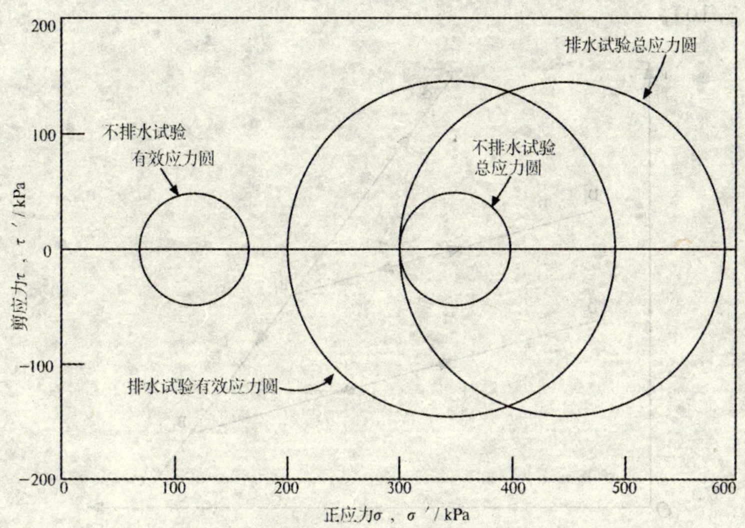

图 3.7　排水和不排水三轴试验破坏时的总应力和有效应力莫尔圆

3.3.2　各向等压压缩试验

各向等压压缩试验是一种特殊的三轴排水压缩试验，各向等压压缩的应力状态为

$$q = q' = 0$$

$$p = \sigma_c = \frac{1}{3}(\sigma_1 + 2\sigma_3)$$

$$p' = \sigma_c - \mu$$

式中　σ_c—— 三轴仪里的室压力。

假定土粒和孔隙水不可压缩，试样体积从 V 减小 ΔV，压缩体积应变可以表示为

$$\Delta\varepsilon_V = -\frac{\Delta V}{V} = \frac{\Delta V_w}{V} \tag{3.3}$$

图 3.8 及图 3.9 表示各向等压试验的成果。试验包括沿 A → B 逐级增大 p' 的加荷段，退至 D 的卸荷段，沿 D → B → C 的再加荷段。

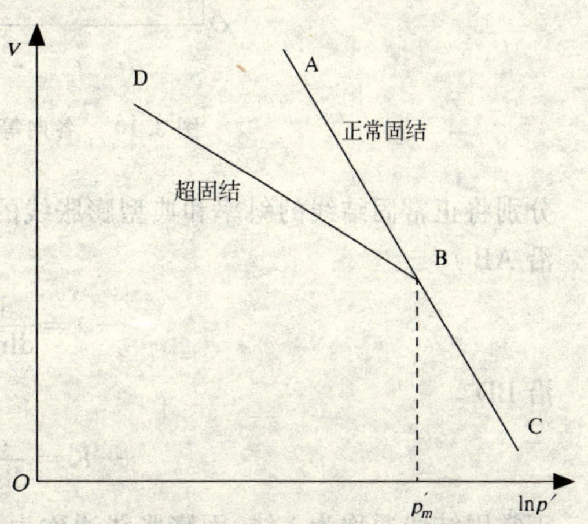

图 3.8　黏土的各向等压压缩的理想情况

如果土处于稳定，超孔隙压力为零，土的状态为 AC 线上的某点。这种土通称为正常固结土，而 AC 通称为正常固结线或原始固结线。如果土处于稳定，超孔隙压力为零，而某固结状态落在 BD 那段线上，这种土通称为超固结土，BD 那类线通称膨胀线。膨胀线的位置可以由相应于点 B 的最大先期应力 p'_m 来确定(见图 3.9)。正常固结线是两种状态的分界线，AC 线左边是可能状态，而右边是不

可能状态(见图 3.10)。

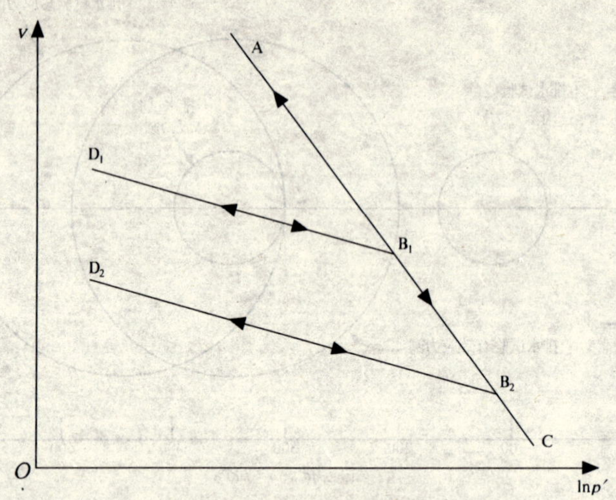

图 3.9　反复加荷和卸荷对黏土各向等压压缩的影响

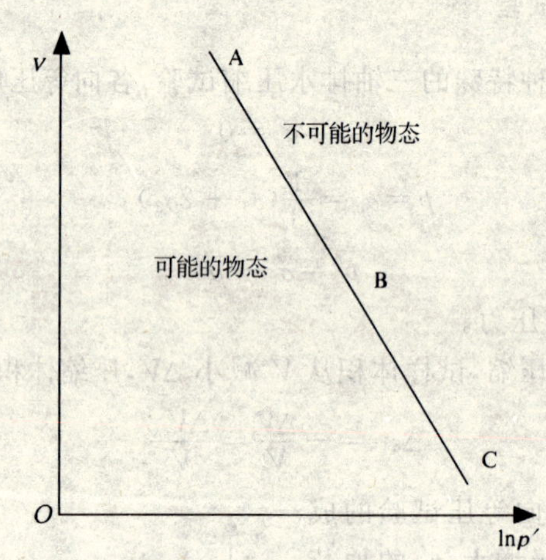

图 3.10　各向等压压缩的物态边界

分别将正常固结线的斜率和典型膨胀线的(负值)斜率定义为参量 λ 和 K。因此沿 AB

$$-\lambda=\frac{\mathrm{d}v}{\mathrm{d}\ln p'}=\frac{p'\mathrm{d}v}{\mathrm{d}p'} \tag{3.4}$$

沿 BD

$$-K=\frac{\mathrm{d}v}{\mathrm{d}\ln p'}=\frac{p'\mathrm{d}v}{\mathrm{d}p'} \tag{3.5}$$

正常固结线通称为 λ 线,而膨胀线通称为 K 线(见图 3.11)。

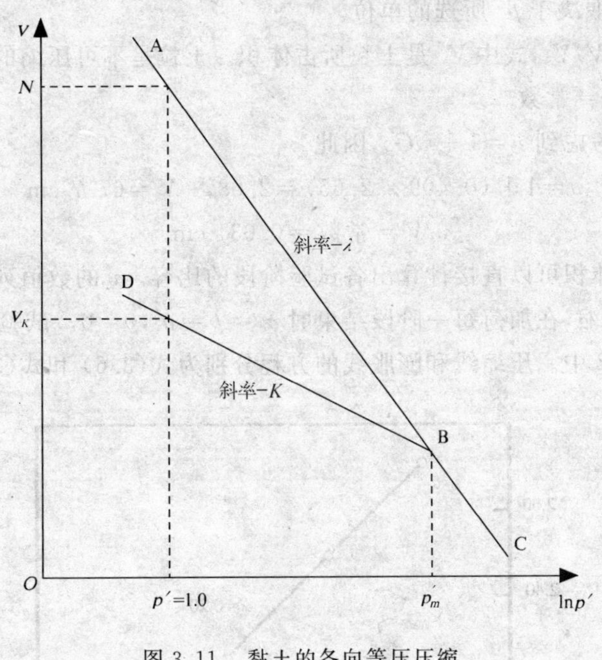

图 3.11　黏土的各向等压压缩

对于 λ 线，定义 N 为正常固结土在 $p'=1.0$ kPa 下的比容。因此 λ 线的方程是

$$v=N-\lambda\ln p' \tag{3.6}$$

K 线的位置取决于最大先期应力 p'_m，对于 K 线，定义 v_K 为超固结土在 $p'=1.0$ kPa 下的比容，而 K 线的方程为

$$v=v_K-K\ln p' \tag{3.7}$$

λ，N 和 K 被认为是土性常数。这些常数值视土的类型而不同，可用实验求得。

例 3.4　用各向等压压缩试验成果计算 λ，K 和 N。

表 3.5 的前两栏列有土样在三轴压力室中作各向等压压缩实验的数据。实验结束，室压力 $\sigma_c=60$ kPa 时，土样体积 $V=67.7\ \text{cm}^3$，土的含水量 $w=0.409$。土粒的比重 $G_s=2.65$。试计算土的 λ，K 和 N 的数值。

表 3.5　各向等压压缩实验成果

室压力 σ_c / kPa	排水体积 $\Delta V_w/\text{cm}^3$	试样体积 V/cm^3	比容 v	$\ln p'$
20	0	88.5	2.72	3.00
60	7.2	81.3	2.50	4.09
200	15.0	73.5	2.26	5.30
1000	25.4	63.1	1.94	6.91
200	22.8	65.7	2.02	5.30
60	20.8	67.7	2.08	4.09

N 和 v_K 其数值取决于 p' 所选的单位。

按定义比容 $v=V/V_s$，式中 V_s 是土粒所占体积。土粒是不可压缩的，V_s 是常数，因此，在试验的任何阶段 $v/V=$ 常数。

在实验结束时，考虑到 $v=1+wG_s$，因此

$$v=1+(0.409\times2.65)=2.08,\quad V=67.7\ \text{cm}^3$$

$$v/V=\text{常数}=0.031\ \text{cm}^{-3}$$

同理，由各阶段试样体积可以直接计算出各试验阶段的比容。v 的数值列在表 3.5 中。

对于各向等压压缩，在加荷每一阶段结束时 $\sigma_c=p=p'$，$v=0$。试验成果制作成比容 v 与 $\ln p'$ 曲线示于图 3.12 中。压缩线和膨胀线的方程分别为式(3.6) 和式(3.7)。

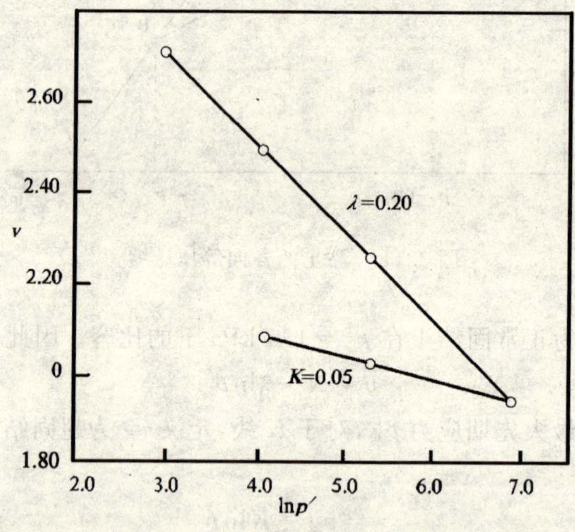

图 3.12　各向等压压缩试验成果

从图 3.12 量出斜率 $\lambda=0.20$，$K=0.05$。

比如将 $v=2.72$ 和 $\ln p'=3.0$ 代入式(3.6) 得 $N=3.32$。

3.3.3　一维固结压缩试验

一维压缩试验的边界条件如图 3.13 所示。

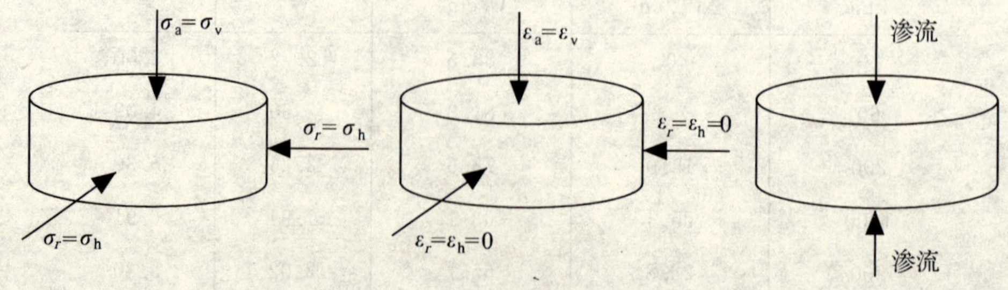

图 3.13　一维压缩的边界条件

在一维压缩过程中，水平有效应力 σ'_h 要随垂直有效应力 σ'_v 而变，并且会自行调整以保持 $\varepsilon_h=0$。σ'_v 与 σ'_h 之间的关系通常写成

$$\sigma'_h=k_0\sigma'_v \tag{3.8}$$

式中　k_0—— 静止土压系数。

k_0 随超固结比而变，因此 k_0 值应当用试验求得。对于正常固结土的 k_0 值，可采用下式估算：

$$k_0=1-\sin\varphi' \tag{3.9}$$

式中　φ'—— 有效应力内摩擦角。

假定 σ'_v 和 σ'_h 是主应力，相应于一维压缩 q' 和 p' 就是

$$p'=\frac{1}{3}\sigma'_v(1+2k_0) \tag{3.10}$$

$$q'=\sigma'_v(1-k_0) \tag{3.11}$$

观测顶荷板相对于底板的沉陷 Δp，即求得试样的变形。既然水平应变为零，体应变和垂直应变就一定相等。对于一维压缩

$$\Delta\varepsilon_v=\Delta V/V=-\Delta H/H \tag{3.12}$$

$$\Delta p=-\Delta H \tag{3.13}$$

图 3.14 表示某黏土样以稳定状态时的比容与垂直应力关系绘出的一维压缩试验成果。图 3.15 表示以 v 与 $\ln\sigma'_v$ 关系重新绘制的同一成果。试样沿 AB 加荷，卸荷至 D，然后再沿 DC 加荷。可以将其理想化为如图 3.16 所示的直线。通常也可理想化为类似的直线。直线的坡度和位置随特定的土而变。

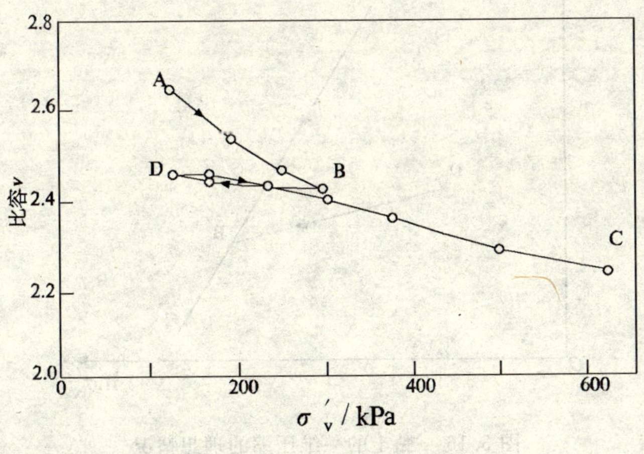

图 3.14　某黏土的一维压缩

一维压缩试验成果可与相应的等压压缩 λ 线同时表示在 $v-\ln p$ 图上，如图 3.17 所示。

为了定出一维压缩试验的 $-\lambda$ 线的位置，定义 N_0 为一维正常固结土在 $p'=1.0$ kPa 时的比容，那么一维正常固结线的方程就是

$$v=N_0-\lambda\ln p' \tag{3.14}$$

一维压缩的超固结线的位置也不是唯一的，而取决于最大先期应力。为了定出一维压缩

试验 K 线的位置，定义 v_{k_0} 为一维超固结土 $p'=1.0$ kPa时的比容，而一维压缩试验 K 线的方程就是

$$v=v_{k_0}-K\ln p' \tag{3.15}$$

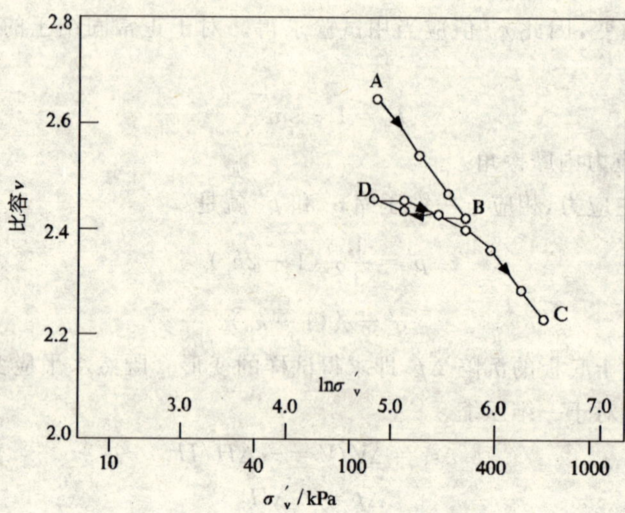

图 3.15　某黏土的一维压缩

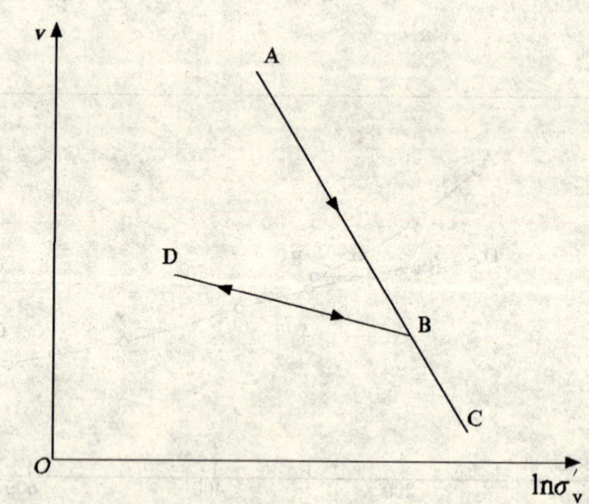

图 3.16　黏土的一维压缩的理想情况

v_k 和 v_{k_0} 两者不是常数，都取决于最大先期应力 p'_m 值，如图 3.17 所示。

各向等压压缩 $q'/p'=0$，一维压缩 q'/p' 是非零值。

$$\frac{q'}{p'}=\frac{3(1-k_0)}{1+2k_0} \tag{3.16}$$

在正常固结期，k_0 是常值，因而在图 3.17 中两条线上 $q'/p'=$常值，可以推断一定有一簇 λ 线，各相应于一个特定的 q'/p' 值。

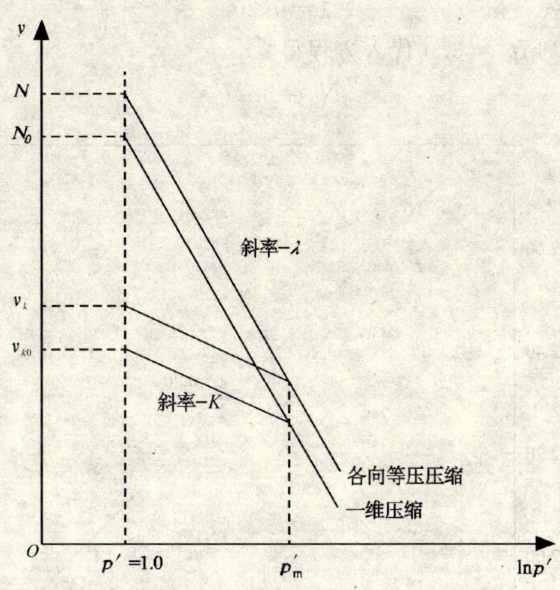

图 3.17　土的各向等压压缩和一维压缩

例 3.5　根据固结试验结果计算 k_0,λ 和 N_0。

表 3.6 列出一个土样的固结试验资料。试验中,测定水平总应力 σ_h,垂直总应力 σ_v 和加压顶板的沉降,在试验开始,$\sigma_v=30$ kPa 和孔隙压力 $\mu=0$ 时,试样的比容 $v=2.67$,试样厚度 $z=20$ mm。计算出土的 k_0,λ 和 N_0。

表 3.6　固结试验成果

垂直应力 σ_v/kPa	水平应力 σ_h/kPa	k_0	沉降 ρ/mm	试样厚度变化 Δz/mm	比容 v	p'/kPa	$\ln p'$
30	15	0.5	0	0	2.67	20	3.00
90	45	0.5	1.65	−1.65	2.45	60	4.09
300	150	0.5	3.70	−3.70	2.18	200	5.30
1 500	750	0.5	5.85	−5.85	1.89	1 000	6.91

解　试样处于稳定时,$v=0$,总应力与有效应力相等,因此

$$k_0=\sigma'_h/\sigma'_v=\sigma_h/\sigma_v$$

从所列数据得

$$k_0=0.5$$

在任何试验阶段 $p'=\frac{1}{3}(\sigma'_v+2\sigma'_h)=\frac{2}{3}\sigma'_v$,对于一维压缩 $\Delta v/v=\Delta z/z$,式中 Δz 是试样厚度的增量。在试验开始 $v=2.67$ 和 $z=20$ mm,因而在整个试验过程中

$$\Delta v/\Delta z=0.134\ \text{mm}^{-1}$$

因此,试验每一个阶段的比容可以由试样厚度的改变算出。v 值列于表 3.6 中。

试验结果以比容 v 与 $\ln p'$ 绘图,示于图 3.18 中。一维压缩线的方程是

$$v=N_0-\lambda\ln p'$$

从图 3.18 量出斜率　　　　　　$\lambda=0.20$

例如将 $v=2.67$ 和 $\ln p'=3.0$ 代入方程得

$$N_0=3.27$$

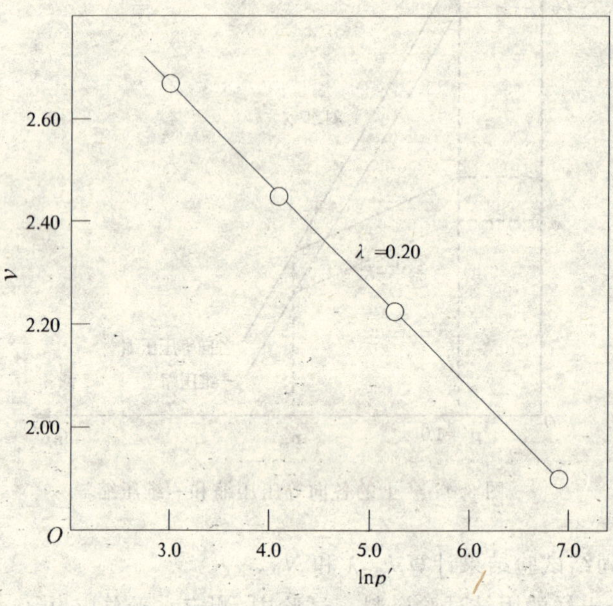

图 3.18　固结仪试验成果

将一维压缩试验成果绘成孔隙比 e 与 $\lg\sigma_v'$ 的关系曲线，这里 σ_v' 是垂直有效应力。正常固结线的斜率 C_c 通称为压缩指数，而膨胀线的斜率 C_s 通称为膨胀指数。

正常固结

$$-C_c=\frac{de}{d\ \lg\sigma_v'} \tag{3.17}$$

因为 $\lg\sigma_v=0.434\ln\sigma_v'$，$de=dv$，从而

$$-C_c=\frac{dv}{0.434d\ \ln\sigma_v'} \tag{3.18}$$

所以

$$-0.434C_c=\frac{dv}{d\ \ln\sigma_v'}=\frac{\sigma_v'dv}{d\sigma_v'} \tag{3.19}$$

对于一维膨胀，k_0 为常数，因此得

$$C_c=2.303K \tag{3.20}$$

对于一维固结，k_0 不是常数，因此 K 和 C_s 之间没有简单的关系，可是通常假设 k_0 近似常数值，在这种情况下，经过类似于上面推导，即得

$$C_s\approx 2.303K \tag{3.21}$$

3.4　小　结

(1) 实际应用中最常见的仪器是常规三轴仪、固结仪和直剪仪，真三轴和单剪仪一般只用

于研究目的。

(2) 在排水试验过程中，孔隙水压力保持固定，而试样体积可变；在不排水试验过程中，试样体积保持不变。

(3) 各向等压压缩：

1) 正常固结黏土

$$v = N - \lambda \ln p'$$

2) 超固结黏土

$$v = v_K - K \ln p'$$

(4) 一维压缩：

1) 正常固结黏土

$$v = N_0 - \sigma \ln p'$$

2) 超固结黏土

$$v = v_{k_0} - K \ln p'$$

(5) N, λ 和 K 是土性常数，其数值必须针对某一种土用试验方法求得。

(6) 对于一维压缩有

$$k_0 = \sigma'_h / \sigma'_v$$

$$C_c = 2.303K$$

(7) 用 $p' - q'$ 坐标系，绘制例 3.1、例 3.2 中的应力路径。

第4章　临界物态线(面)

4.1　正常固结黏土临界物态线

4.1.1　正常固结黏土三轴试验归一曲线

图4.1表示试样分别固结到 $p'_e=a,2a,3a$ 时的三个不排水剪应力-应变曲线 $q'-\varepsilon_a$。作 $q'/p'_e-\varepsilon$ 图，如图4.2所示，可以看出，所有的曲线重合成一条线。试验所得的路径如图4.3所示。试样从正常固结线 A_1,A_2,A_3 出发，然后向左移动，直到在 B_1,B_2,B_3 各点产生破坏为止。

$B_1\sim B_3$ 这些破坏点在图4.3(a)所示 $q'-p'$ 坐标面内呈一条直线，而在图4.3(b)所示 $v-p'$ 坐标面内呈一条光滑曲线，曲线外观上与正常固结线形状相似。

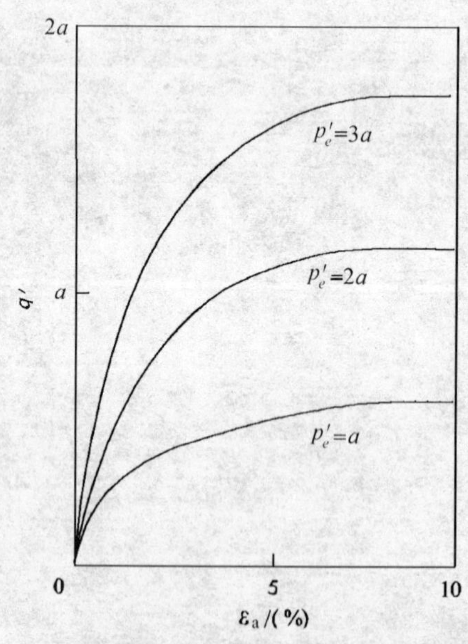

图4.1　正常固结到 $p'_e=a,2a,3a$ 的三轴不排水试验中偏应力 q' 与轴应变 ε_a 的关系

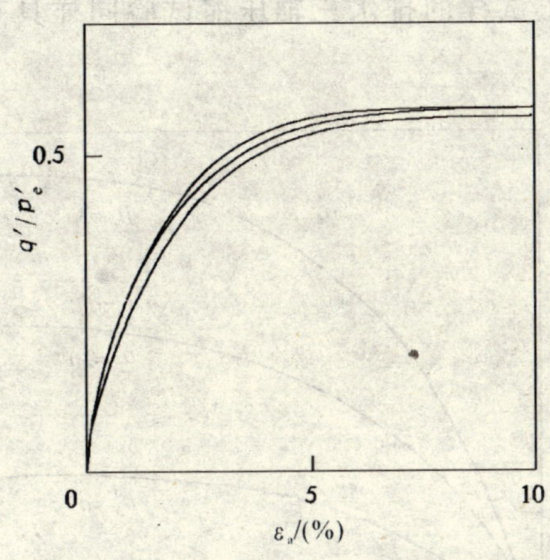

图 4.2　试验的规格化偏应力 q'/p'_e 与轴应变 ε_a 的关系

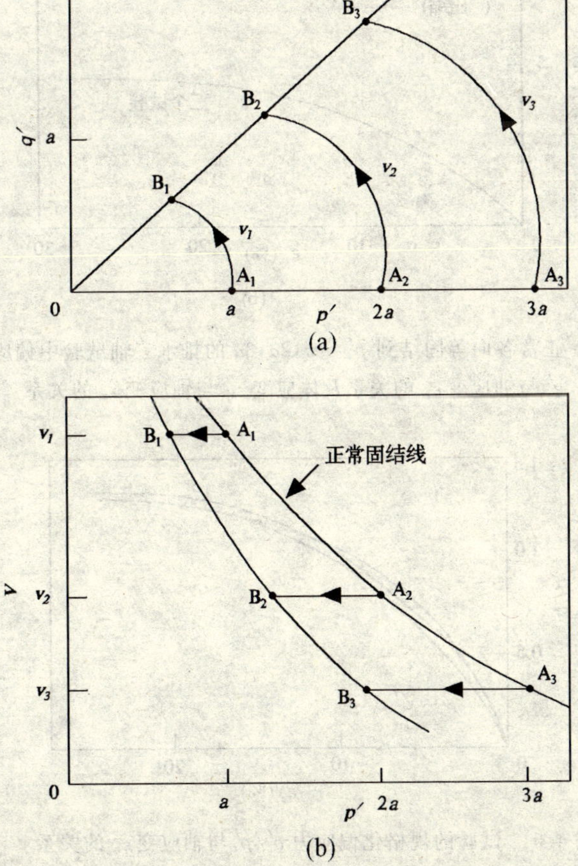

图 4.3　正常固结试样不排水试验在 $q'-p'$ 坐标面和 $v-p'$ 坐标面上的应力路径

正常各向等压固结黏土试样的排水三轴压缩试验同样具有归一性，如图 4.4、图 4.5 所示。

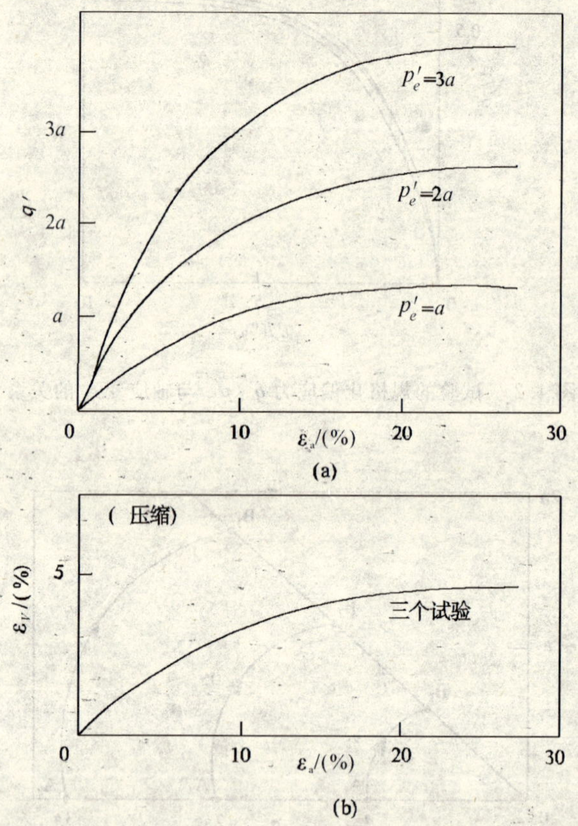

图 4.4　正常各向等固结到 $p'_e = a, 2a, 3a$ 的排水三轴试验中偏应力 q' 与轴应变 ε_a 的关系及体应变 ε_V 与轴应变 ε_a 的关系

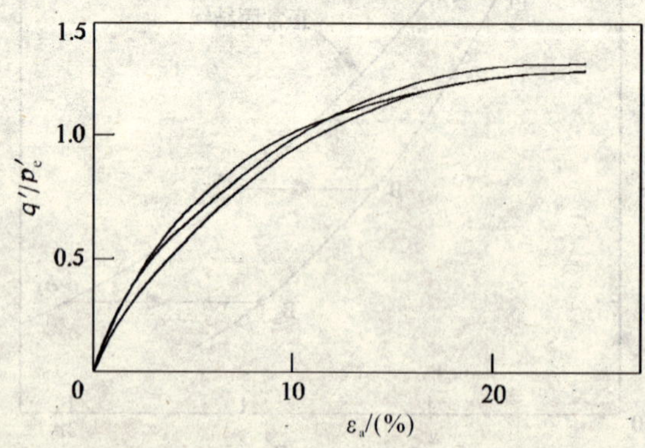

图 4.5　试验的规格化偏应力 q'/p'_e 与轴应变 ε_a 的关系

其应力路径示于图 4.6。试验路径在 $q'-p'$ 坐标面内都是直线，从各试样的平均有效正应力初始值 p'_e 开始，以斜率 3 上升。这些试验路径在 $v-p'$ 坐标面是曲线，各试样随着 p' 增大而压缩。$B_1 \sim B_3$ 这类破坏点呈一条光滑曲线，曲线形状亦与正常固结线相似。

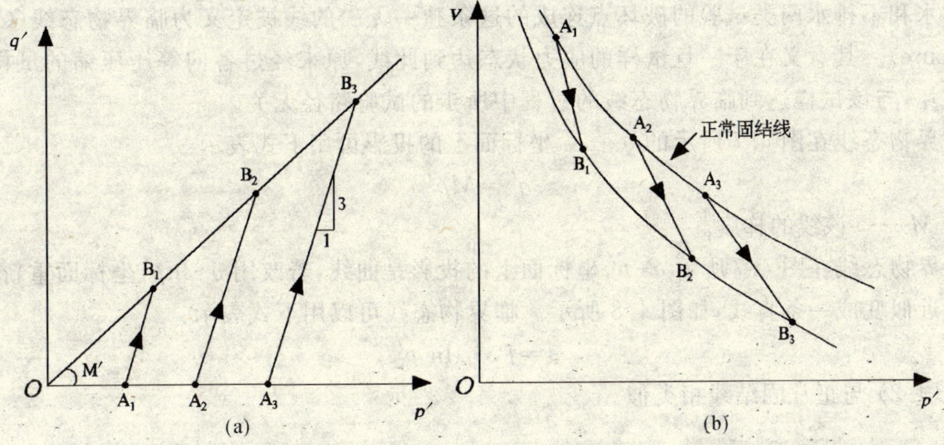

图 4.6　正常固结试样的排水试验在 $q'-p'$ 坐标面上和 $v-p'$ 坐标面上的应力路径

4.1.2　临界物态线

各向等压压缩后作排水和不排水压缩试验的归一曲线是相似的(见图 4.3 和图 4.6)。其破坏点在 $q'-p'$ 坐标面内确定为一条过原点的直线,而在 $v-p'$ 坐标面内为一条形状与正常固结线类似的曲线,如图 4.7 所示。

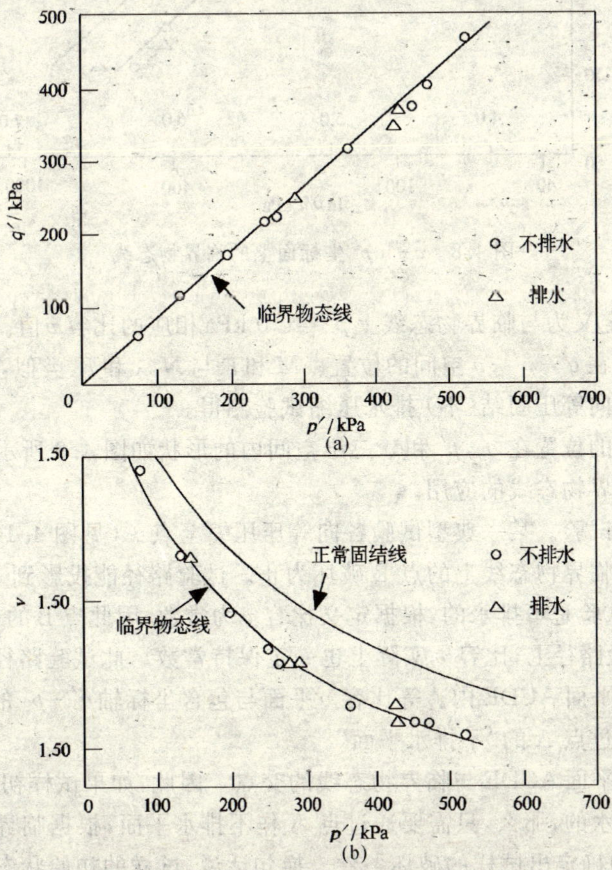

图 4.7　某黏土正常固试样的排水和不排水试验的破坏点

排水和不排水两类试验的破坏点连成的这条独一无二的线被定义为临界物态线(Critical State Line)。其意义在于一旦试样的应力状态达到此线,原来经过各向等压压缩的试样就会产生破坏,与该试样达到临界物态线的过程中所走的试验路径无关。

临界物态线在图 4.7 所示的 $q'-p'$ 坐标面上的投影可用下式表示:

$$q'=Mp' \tag{4.1}$$

式中　M—— 该线的梯度。

临界物态线在图 4.7 所示 $v-p'$ 坐标面上的投影是曲线,若改用 $v-\ln p'$ 坐标面重新作图,这些点近似变成一条直线,如图 4.8 所示。临界物态线可以用下式表示:

$$v=\Gamma-\lambda\ln p' \tag{4.2}$$

式(4.2) 与正常固结线相类似。

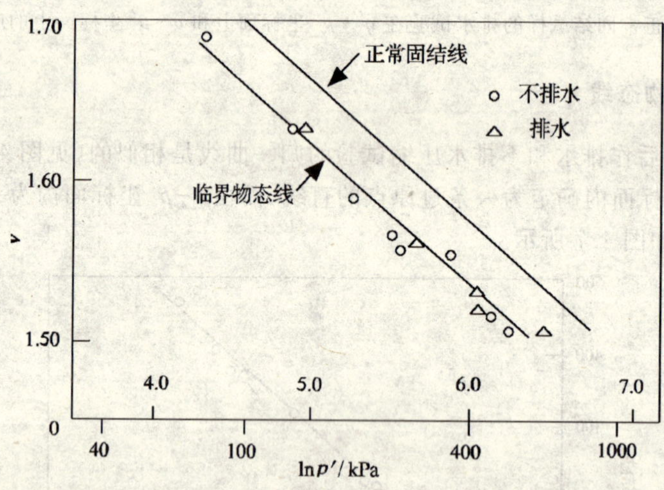

图 4.8　$v-\ln p'$ 坐标面上的临界物态线

在式(4.2) 中 Γ 定义为与临界物态线上 $p'=1.0$ kPa 相应的比容 v 值。式(4.1) 和式(4.2) 共同确定临界物态线在 $q'-p'-v$ 空间的位置。M 和 Γ 与 N,λ 和 K 类似,均视为土性常数,可通过不同围压下的各向等压固结(不) 排水压缩试验测得。

土样的临界物态的位置在 q',p' 和 v 三维空间内的形状如图 4.9 所示。

下面简单讨论临界物态线的应用。

首先讨论不排水试验。某一典型试验各向等压压缩至点 A(见图 4.10),然后作标准不排水三轴压缩试验直到临界物态线上的点 B 破坏为止。试验路径能投影到 $q'-p'$ 坐标面内的,表示成路径 A_1B_1。试验是不排水的,根据定义比容 v 为常数,因此点 B 的比容必与点 A 相同,从 A 到 B 的整个试验路径上,比容 v 实际上也一定保持常数。此试验路径从而一定处在由阴影线画成的等比容 v 平面 ACDE 内。等比容 v 平面与包含坐标轴 $q'-p'$ 的平面平行。可以把 ACDE 平面看成是通过点 A 的"不排水平面"。

点 B 表示不排水平面 ACDE 与临界物态线的交点。因此,如果试样初始条件固定在点 A,而且知道试验是不排水的,那么,只需要通过点 A 作不排水平面,根据临界物态线与不排水平面的交点(即点 B),便确定出试样的破坏条件。换句话说,试样的初始状态和试验条件足以准确地确定在临界物态线上试样要破坏的那个点。

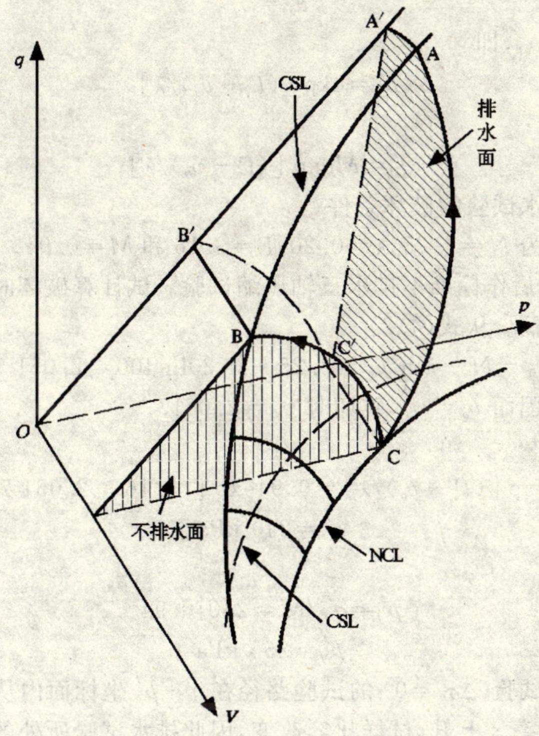

图 4.9　$q'-p'-v$ 空间的临界物态线

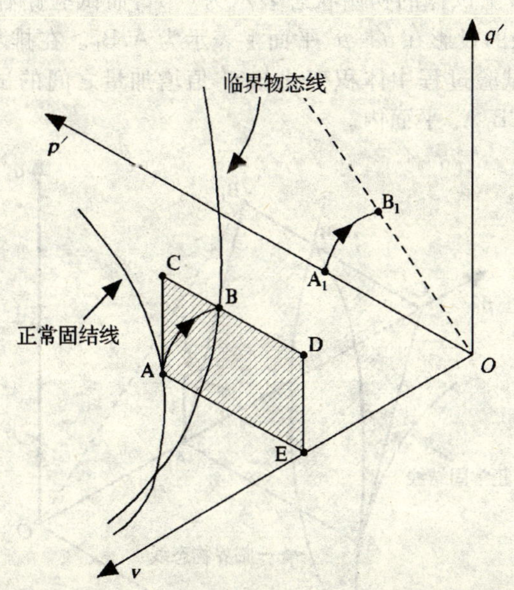

图 4.10　不排水试验在 $q'-p'-v$ 空间所走的路径

问题可以归纳为：假定试样各向等压压缩到某一平均有效正应力 p'_o 和某一比容 v_o，求标准不排水三轴压缩试验中试样破坏时的应力值 q'_f 与 p'_f 和比容 v_f。

首先注意

$$v_o = v_f \tag{4.3}$$

然后可由式(4.2)决定 p'_f，即

$$p'_f = \exp\left[(\Gamma - v_o)/\lambda\right] \tag{4.4}$$

由式(4.1)，即得

$$q'_f = M\exp\left[(\Gamma - v_o)/\lambda\right] \tag{4.5}$$

例 4.1 计算不排水试验的破坏条件。

某黏土的土性常数为 $N=3.25$，$\lambda=0.20$，$\Gamma=3.16$ 和 $M=0.94$。黏土试样正常各向等压固结到 $p'=400$ kPa，然后作标准不排水三轴压缩试验。试计算破坏时的 q'，p' 和 v。

解 对正常固结情况，从式(4.2)

$$v_0 = N - \lambda \ln p_o = 3.25 - 0.20\ln 400 = 2.051\,7$$

对不排水试验，$\Delta V=0$，因而 $v_o=v_f$，破坏时 $v_f=2.0517$。

由式(4.5)，破坏时

$$q'_f = M\exp\left[(\Gamma - v_o)/\lambda\right] = 0.94\exp\left[(3.16-2.051\,7)/0.2\right]$$

$$q'_f = 240 \text{ kPa}$$

由式(4.1)可得

$$p'_f = q'_f/M = 240/0.94$$

$$p'_f = 255 \text{ kPa}$$

标准排水三轴压缩试验($\Delta\sigma_r=0$)的试验路径在 $q'-p'$ 坐标面内从 $q'=0$ 时的平均有效正应力初始值 p'_o 开始以斜率 3 上升，试样比容改变，因此排水试验所处的平面一定平行于 v 轴，此平面在 $q'-p'$ 坐标面内的投影一定是斜率为 3 的直线。"排水平面"ACB_1A_1 在图 4.11 中以阴影线表示。正常固结线上试样的初始状态表示为点 A，而试验路径点破坏时在临界物态线上结束于点 B。试验路径的投影在 $q'-p'$ 平面上表示为 A_1B_1。在排水平面 ACB_1A_1 内试验路径的准确形状将取决于试验过程中体积变化与 q' 值增加量之间的试验关系。但不论是什么关系，AB 路径总是在 ACB_1A_1 平面内。

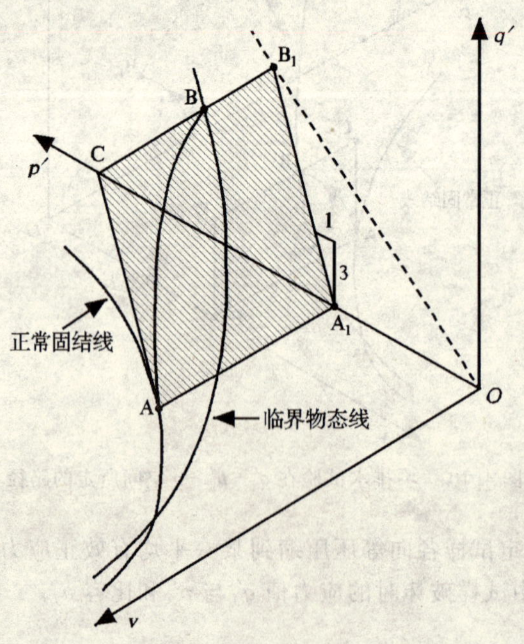

图 4.11 排水试验在 $q'-p'-v$ 空间所走的路径

如果试样的初始条件按情况确定在点 A,已知试验是标准排水三轴压缩试验,试样破坏点肯定就是按排水平面与临界物态线交点(即点 B) 来确定了。问题可以归纳为:假设试样一开始压缩到某一平均有效正应力 p'_o和比容 v_o,若求破坏时应力 q'_f, p'_f和比容 v_f,则从图 4.12 的几何条件,可以写出

$$q'_f = 3(p'_f - p'_o) \tag{4.6}$$

而又有

$$q'_f = Mp'_f \tag{4.7}$$

联立方程式(4.6) 和式(4.7),消去 p'_f得

$$q'_f = 3Mp'_o/(3-M) \tag{4.8}$$

由式(4.7),求得

$$p'_f = 3p'_o/(3-M) \tag{4.9}$$

因此,从式(4.2) 可得

$$v_f = \Gamma - \lambda \ln\left[3p'_o/(3-M)\right] \tag{4.10}$$

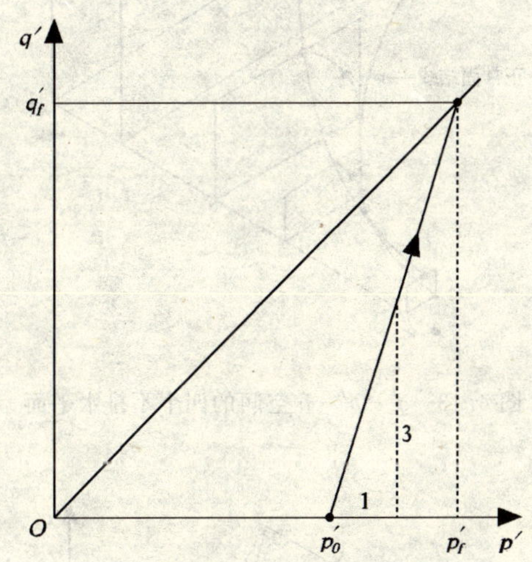

图 4.12　排水试验在 $q'-p'$ 坐标面上所走的路径

例 4.2　计算排水试验的破坏条件。

某黏土的土性常数值为 $N=3.25$, $\lambda=0.20$, $\Gamma=3.16$ 和 $M=0.94$。黏土试样正常各向等压固结到 400 kPa, $v_o=2.052$。做标准排水压缩试验,试计算破坏时的 q', p', v 和 ε_V。

解　由式(4.8) 得破坏时

$$q'_f = 3Mp'_o/(3-M) = 3 \times 0.94 \times 400/(3-0.94) = 547.6 \text{ kPa}$$

由式(4.1) 得

$$p'_f = q'_f/M = 548/0.94 = 582.5 \text{ kPa}$$

由式(4.2) 得

$$v_f = \Gamma - \lambda \ln p'_f = 3.16 - 0.20 \ln 583 = 1.886$$

试验时的体积应变 ε_V 为

$$\varepsilon_V = -\Delta V/V_o = -(1.886-2.052)/2.052 = 8.06\%$$

对于特定的土来说，知道了临界物态线的位置，就能推算经历不同应力路经的正常固结试样在破坏时的应力和比容。

4.2 正常固结土的临界物态面

对于特定的固结压力会有不同的排水或不排水平面。图 4.13 所示为四个不同固结压力的不排水平面，图 4.14 所示为两个不同固结压力下的排水平面。不排水试验和排水试验都能把正常固结线与临界物态线连接起来，定出一个三维曲面如图 4.15 所示。

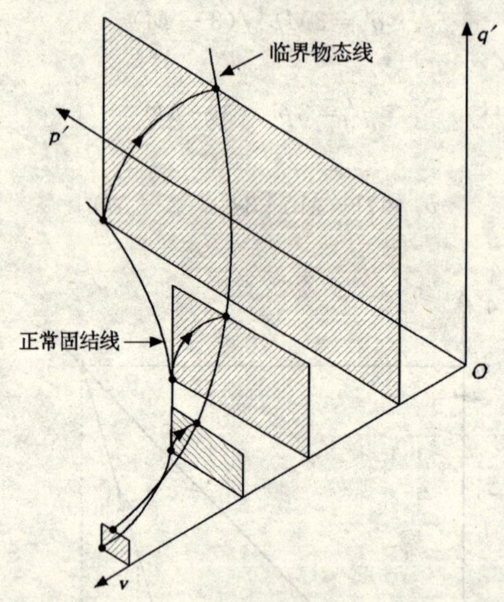

图 4.13 $q'-p'-v$ 空间的四个不排水平面

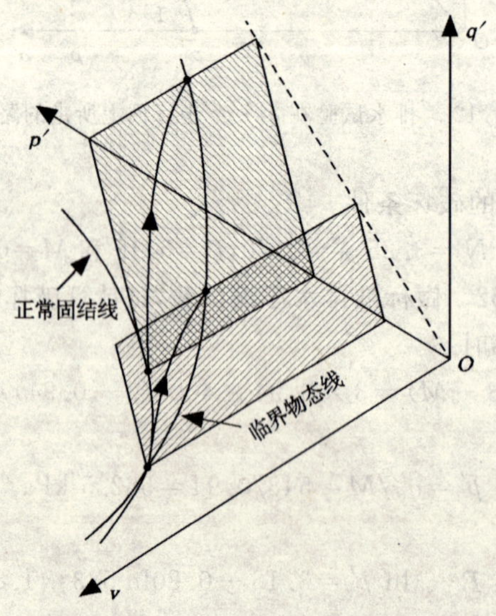

图 4.14 $q'-p'-v$ 空间的两个排水平面

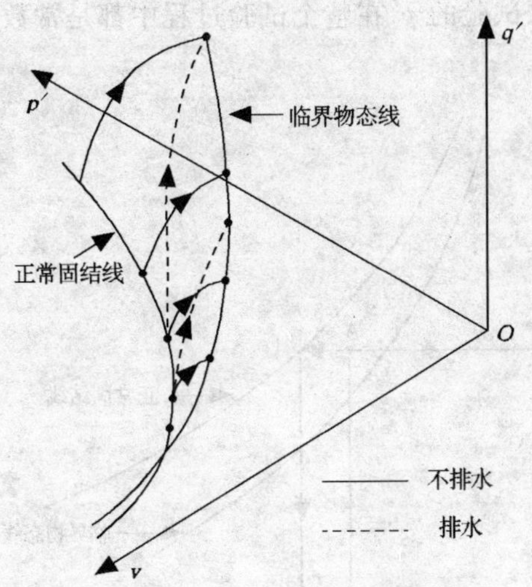

图 4.15　$q'-p'-v$ 空间的排水试验簇和不排水试验簇

无论是排水试验还是不排水试验,都是始于正常固结线,终于临界物态线。可以证明正常固结试样不排水和排水这两组试验在 $q'-p'-v$ 空间决定于同一个三维曲面,这个面叫做 Roscoe 面。

利用归一化曲线的方法,可以简便地验证 Roscoe 面的形状。对于图 4.3 中所示不排水试验路径,如果将应力除以 p'_e 改变比例,所有试验路径就会化成如图 4.16 所示的一条曲线。采用的归一化换算因子 p'_e 就是试验开始时的固结压力。

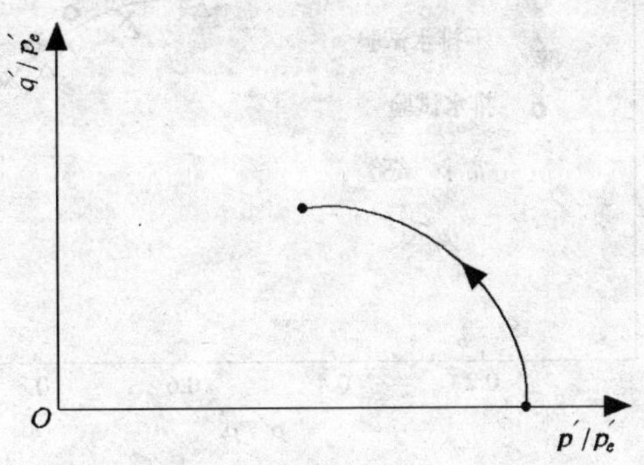

图 4.16　不排水试验在 $q'/p_e-p'/p'_e$ 坐标面上的路径

排水试验中比容改变,因此试验路径就会通过 Roscoe 面的尺寸各不相同的大量等 v 截面移动。假设每一个等 v 截面的形状对不同的 v 值是相同的,则只要将应力 q' 和 p' 除以那个比容下正常固结线上的平均有效正应力 p'_e,每个截面就能按比例缩小到与图 4.16 中相同的形式中,因此任何比容下的等值压力 p'_e 不管现时应力如何,都是使用试样的现时 v 值由正常固结线方程式(4.8) 求得如下:

$$p'_e=\exp\left[(N-v)/\lambda\right] \tag{4.11}$$

求 p'_e 的步骤以图 4.17 示例说明。假定试样在点 A 应力为 q'_A,比容为 v_A,试求此试样相应的 p'_e 值。在点 A 作一等 v 线(即 $v=v_A$) 延长到正常固结线,然后读出相应的平均正应力值即

求得 p'_e。应当注意，不排水试验的 p'_e 在整个试验过程中都是常数。

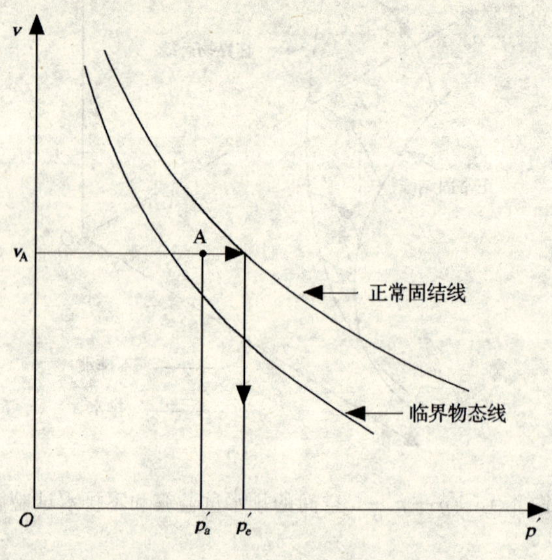

图 4.17　求等值压力 p'_e 的方法

把排水和不排水试验所得数据绘在一张曲线图上，如图 4.18 所示，对所有压缩试验 Roscoe 面是唯一的，与加载路径无关。

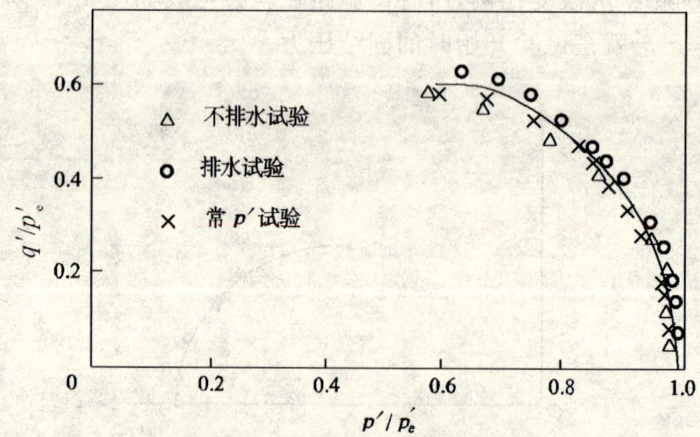

图 4.18　正常固结高岭黏土试样的排水试验、不排水试验和常值 q'/p'_e-p'/p'_e 坐标面上的试验路径

例 4.3　计算排水试验在 q'/p'_e-p'/p'_e 坐标面内规格化的应力路径。

解　某排水三轴压缩试验采用黏土试样，正常各向等压固结到 $p'_o=400$ kPa，$v_0=2.052$，q'，ε_V 取 ε_a 等于 0，5% 和 25%（破坏）时的读数。黏土的土性常数值为 $N=3.25$，$\lambda=0.2$。试在 q'/p'_e-p'/p'_e 坐标面内作规格化应力路径图，试验实例资料在图 4.19(a) 和(b) 中作成曲线图，表 4.1 中也给出了具体数值。

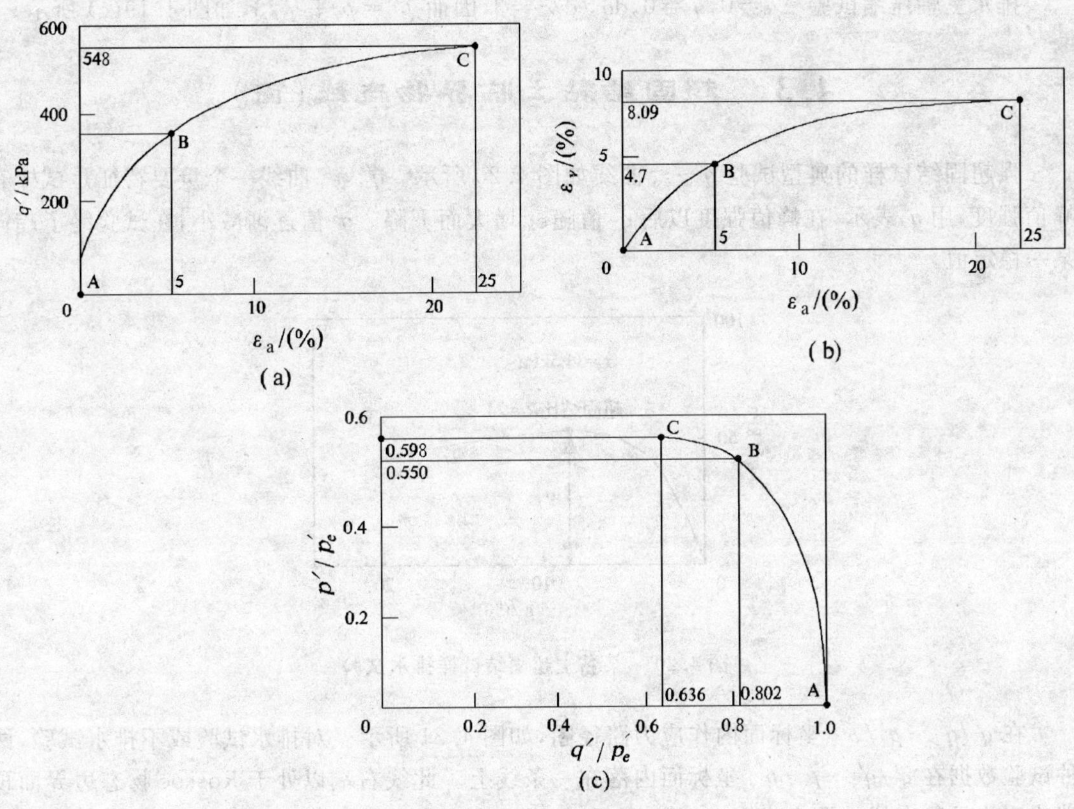

图 4.19　实测数据

表 4.1　试验资料

数据来源	参数	参考符号 A	B	C
实测值	ε_a/(%)	0	5	25
	q'/kPa	0	355	548
	ε_V/(%)	0	4.70	8.09
计算值	p'/kPa	400	518	583
	V	2.052	1.965	1.886
	p'_e/kPa	400	646	916
	q'/p'_e	0	0.550	0.598
	p'/p'_e	1.0	0.802	0.633

计算值由下面各式确定：

$$v = v_0(1-\varepsilon_V)$$

$$p'_e = \exp\left[(N-v)/\lambda\right]$$

排水三轴压缩试验 $\Delta\mu=0, q'_o=0, \mathrm{d}q'/\mathrm{d}p'=3$，因而 $p'=p'_o+q'/3$，如图 4.19(c) 所示。

4.3 超固结黏土临界物态线(面)

强超固结试样的典型试验 $q'-\varepsilon_a$ 曲线如图 4.20 所示。$q'-\varepsilon_a$ 曲线一个重要特征是试样有峰值强度，用 q'_f 表示，在峰值强度以后 q' 值随 ε_a 增大而下降。q' 值逐渐减小，在试验终了趋向某一稳定值。

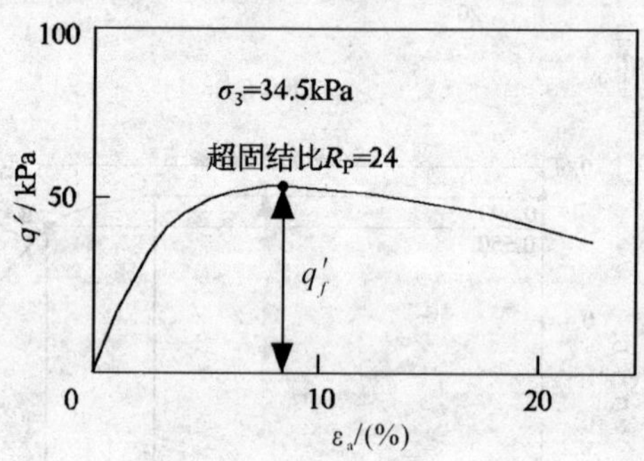

图 4.20 某黏土超固结试样排水试验

在 $q'/q'_e-p'/p'_e$ 坐标面内作应力路径图，如图 4.21 所示。对排水试验或不排水试验，两种试验数据在 $q'/q'_e-p'/p'_e$ 坐标面内落在一条线上。此线右端以处于 Roscoe 物态边界面顶端代表临界物态线的那点为限。通过论证，破坏点连成的这条线左端也有界限。q'/p' 的最大值理应在 σ'_1 很大而 σ'_3 很小时出现。

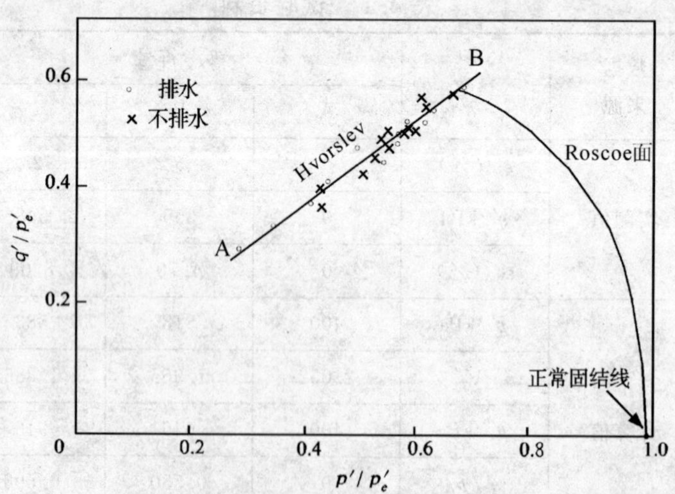

图 4.21 某黏土超固结试样排水和不排水试验的破坏状态

把图 4.21 所示破坏点的轨迹 AB 称为 Hvorslev 面。若将 Hvorslev 面理想化为一条直线，此直线方程为

$$q'/p'_e=g+h(p'/p'_e) \tag{4.12}$$

式中　g,h—— 土性常数。

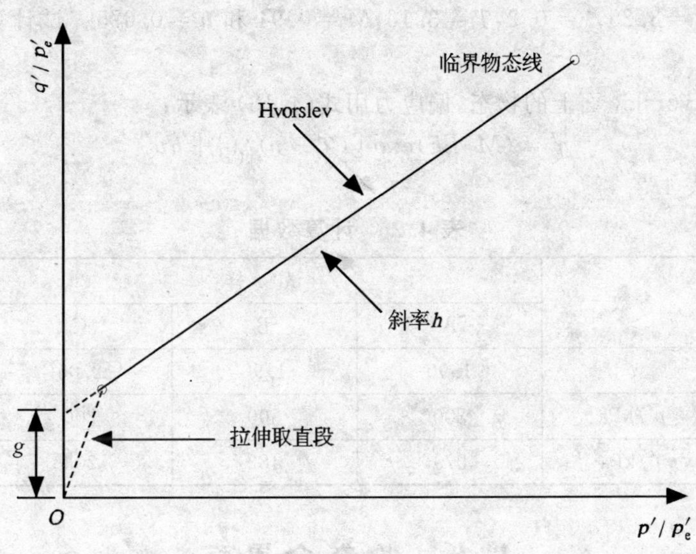

图 4.22　Hvorslev 面

式(4.12)可以改写成

$$q' = gp'_e + hp' \tag{4.13}$$

利用

$$p'_e = \exp\left[(N-v)/\lambda\right]$$

可以代入求得

$$q' = g\exp\left[(N-v)/\lambda\right] + hp' \tag{4.14}$$

Hvorslev 面与 $q'=\sigma$ 和 $p'=\frac{1}{3}\sigma'$ 表示的临界物态线相交于 q'_f, p'_f, v_f,则

$$q'_f = Mp'_f, \quad v_f = T - \lambda\ln p'_f \tag{4.15}$$

因此,由式(4.14)

$$(M-h)p'_f = g\exp\left(\frac{N-T}{\lambda} + \ln p'_f\right) \tag{4.16}$$

$$g = (M-h)\exp\left(\frac{T-N}{\lambda}\right) \tag{4.17}$$

于是 Hvorslev 面的方程为

$$q' = (M-h)\exp\left(\frac{T-v}{\lambda}\right) + hp' \tag{4.18}$$

式(4.18)清楚地说明超固结试样破坏时的偏应力由两个分量构成。第一分量 hp' 与平均有效正应力成比例,因此可以认为实质上是摩擦分量,而第二分量 $(M-h)\exp\left[(T-v)/\lambda\right]$ 仅取决于现时比容和某些土性常数值。指数项这种形式表明强度第二分量随试样比容的减小而增大。

Hvorslev 面是强超固结试样的物态边界,就像 Roscoe 面是正常固结和弱超固结试样的物态边界面一样。Hvorslev 面与 Roscoe 物态边界相交,交线就是临界物态线。

例 4.4　计算试样在 Hvorslev 面上破坏时的破坏偏应力值。

三个试样 A,B 和 C 使在下列 v 和 p' 值组合条件下在 Hvorslev 面上达到破坏:

试样 A，$v=1.90$，$p'=200$ kPa；试样 B，$v=1.90$，$p'=500$ kPa；试样 C，$v=2.05$，$p'=200$ kPa。黏土 $N=3.25$，$\lambda=0.2$，$T=3.16$，$M=0.94$ 和 $h=0.675$。试计算各试样破坏时的q'值。

解　对于 Hvorslev 面上的物态，偏应力用式(4.18)表示：

$$q'=(M-h)\exp\left[(T-v)/\lambda\right]+hp'$$

计算值载入表 4.2。

表 4.2　计算数据

参数	试样		
	A	B	C
v	1.90	1.90	2.05
p'/kPa	200	500	200
q'/kPa	279	482	203

4.4　物态全界面

Roscoe 曲面将正常固结线与临界物态线连接起来，而 Hvorslev 面从另一边一直延伸到临界物态线。物态全界面的这种最严谨的表示法是在 q'/p'_e-p'/p'_e 坐标面内作出此界面，如图 4.23 所示。于是物态边界面的任一等 v 截面就会有图 4.23 所示形状，截面的尺寸使得点 A 始终在正常固结线上。物态全界面的形状可以更形象地在 q'-p'-v 空间描绘出来，如图 4.24 所示，可以看出此面的任何等 v 截面的形状与图 4.23 所示相同。临界物态线形成 Roscoe 面和 Hvorslev 面的一条分水线，其高度和梯度随着平均有效正应力的增大而增大。

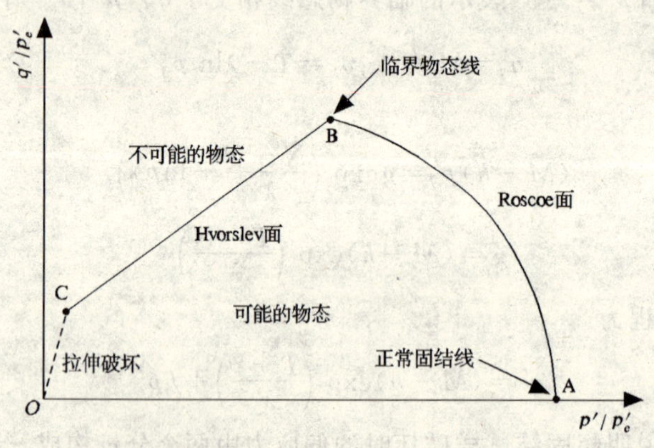

图 4.23　q'/p'_e-p'/p'_e 坐标面上的物态全面界

不排水平面是此界面的一个等 v 截面，其形状如图 4.24 所示，注意，如果试样做不排水试验，临界物态就是试样能够承受 q' 最大值的那种状态。因此，只要试样内部条件一致，可以料想到强超固结试样的不排水试验应走一条差不多是垂直上升而达到物态边界面的路径，就像弱超固结试样实测的情况一样。此路径预计要横切此面直到在临界物态线上产生破坏为止(见图 4.25、图 4.26)。

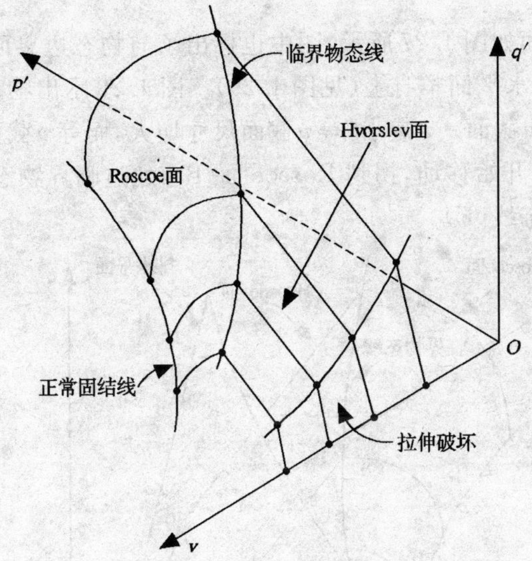

图 4.24　$q'-p'-v$ 空间的物态全界面

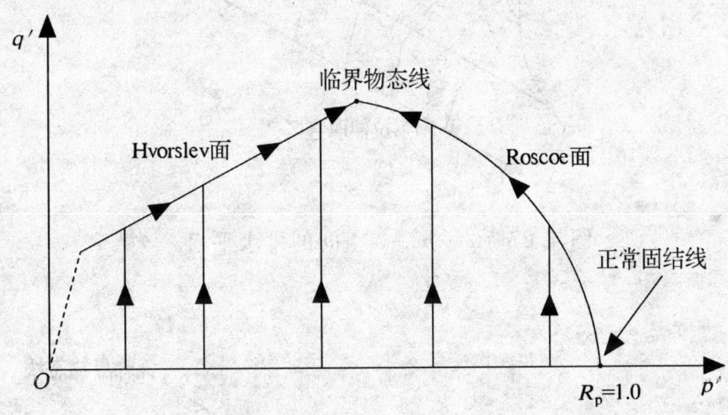

图 4.25　不同固结比的试样的不排水试验预定路径

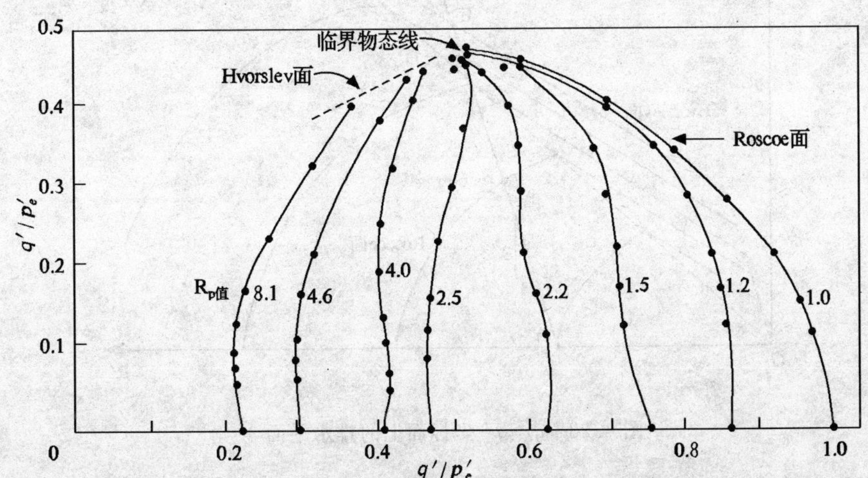

图 4.26　某黏土超固结试样的不排水试样规格化的应力路线

$dq'/dp'=3$的排水平面如图4.27所示，图中也标出了与物态边界面的交线，在$q'-p'$坐标面内(见图4.28)或者在排水平面本身上(见图4.29)。图4.28示出物态边界面被排水平面切割出的一个接着一个的等v截面。v减小，等v截面尺寸增大，而等v截面与排水平面交点的相对位置，从正常固结线(A)开始移动，拐到Roscoe面(B)，通过临界物态线(C)，移到Hvorslev面(D)上最后离开临界物态线(E)。

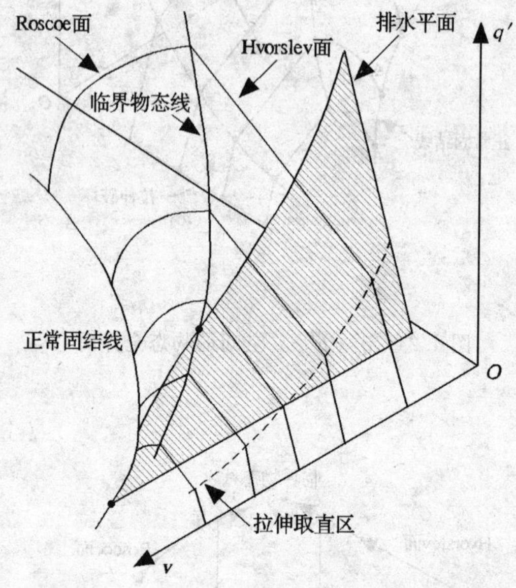

图4.27　$q'-p'-v$空间的排水平面

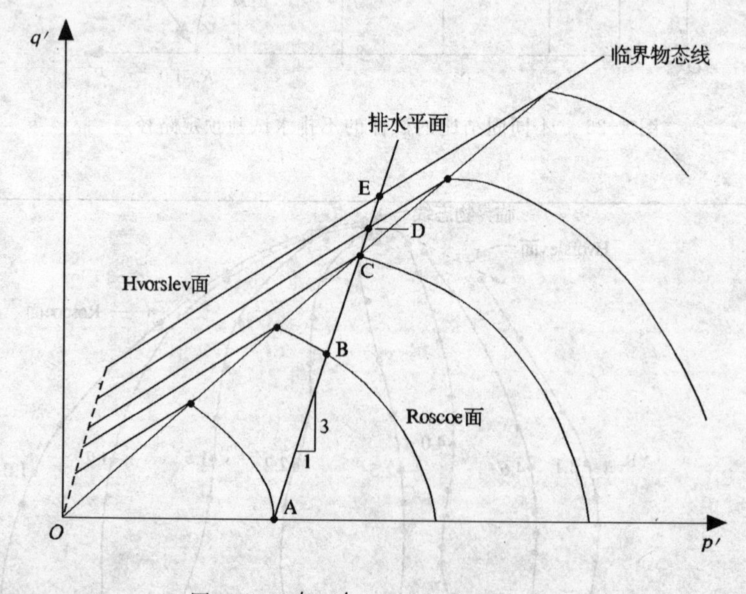

图4.28　$q'-p'$坐标面上的排水平面

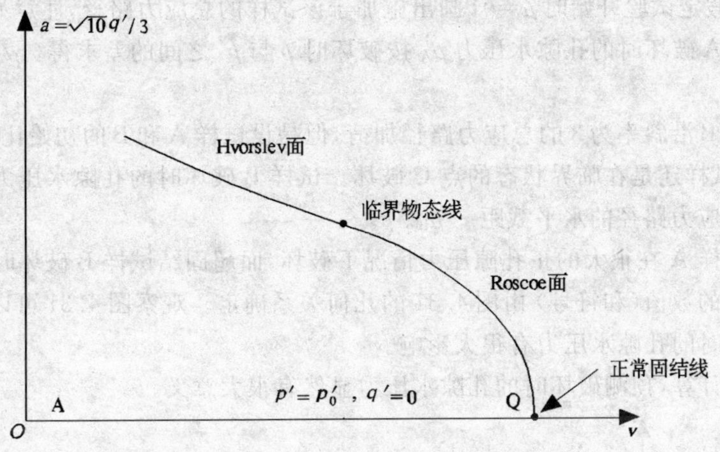

图 4.29　物态边界面与排水平面的交线

各向等压固结到同一最大应力 p'_{max}，然后允许膨胀到不同超固结比的所有试样的破坏状态都遵循图 4.30 所示形式。超固结试样的破坏状态的轨迹一定处在 v-p' 坐标面内临界物态线左边，随着 R_p 的增大，越来越偏离临界物态线。图 4.30(b) 表示不同 R_p 值的试样的排水试验路径。每个试样达到 Hvorslev 面的相应的等 v 截面后破坏。图 4.30 指出弱超固结试样 3，4 在临界物态线上破坏。

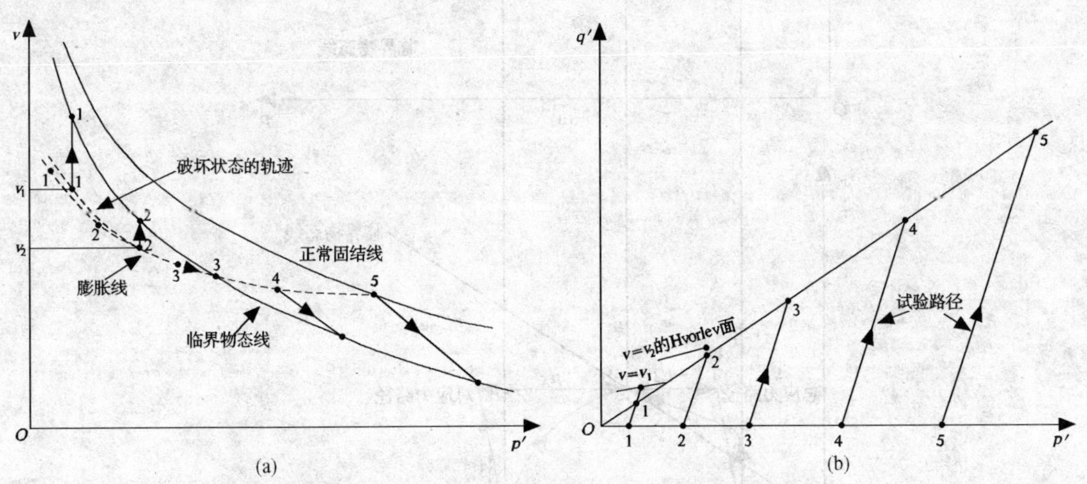

图 4.30　不同固结比的试样的排水试验的破坏状态

4.5　体积变化和孔隙水压力变化

下面将讨论正常固结和超固结黏土试样体积变化与孔隙水压力变化的含义。

对于不排水试验，一对典型试样的试验路径如图 4.31 所示。正常固结试样 A 一定在临界物态线上的点 C 破坏而比容不变。可以向下投影到 $q'-p'$ 坐标面上得到相应的破坏点 C。可

在 q-p 坐标内(假定试验开始时 $\mu=0$)画出施加于该试样的总应力路径,注意如前所述路径的斜率为 3。试样 A 破坏时的孔隙水压力 μ_A 按破坏时 p 与 p' 之间的差求得。μ_A 值还可以从图中量出。

超固结试样 B 沿斜率为 3 的总应力路径加荷,但是设试样 A 和 B 的初始比容相同,又试样均匀地变形,则试样还是在临界状态的点 C 破坏。试样 B 破坏时的孔隙水压力正好就是从点 C 到试样 B 的总应力路径的水平截距 $-\mu_B$。

正常固结试样 A 在很大的正孔隙压力情况下破坏,而超固结试样 B 破坏时孔隙水压力为负值。孔隙压力的数值(和符号)由图 4.31 的几何关系确定。观察图 4.31 可以看出试样的初始固结比对破坏时的孔隙水压力有很大影响。

如果作稳定计算,预测破坏时的孔隙水压力显然有很大意义。

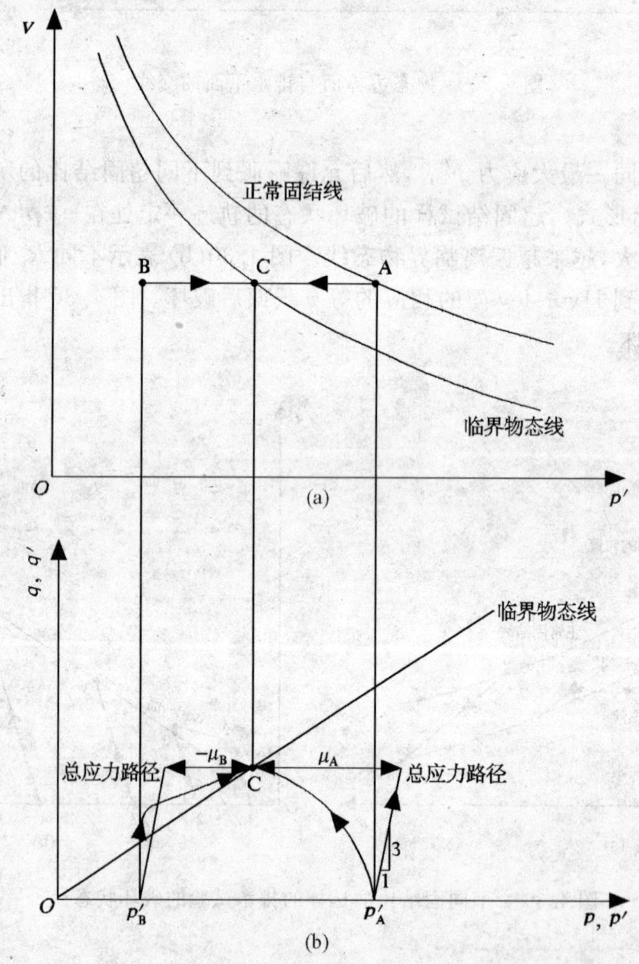

图 4.31 正常固结和超固结黏土试样不排水试验路径

例 4.5 计算强超固结试样和正常固结试样在不排水试验中破坏时的孔隙压力。

一个黏土试样(试样 A)正常各向等压固结到 $p'_0=p_0=400$ kPa 和 $v_0=2.052$。第二个试样(试样 B)各向等压固结到 863 kPa 并允许膨胀到 $p'=p_1=40$ kPa, $v_0=2.052$,然后两试样都做标准不排水压缩试验。该黏土的土性常数值 $T=3.16$, $\lambda=0.2$ 和 $M=0.94$。试求各试样破坏时的孔隙压力。

解　在不排水试验中，$\Delta\mu=0$，因而 $\mu_1=\mu_0$，近似的有效应力路径如图 4.32 所示。两试样在临界状态下破坏的 p'_f 值可以从临界物态方程式(4.13) 求得，即

$$\mu_f = T-\lambda\ln p'_f=\mu_0$$

或

$$p'_f=\exp\left[(T-u_0)/\lambda\right]=\exp\left[(3.16-2.050)/0.2\right]=255\ \text{kPa}$$

破坏时由式(4.15) 得

$$q'_f=Mp'_f=0.94\times 255=239.7\ \text{kPa}$$

于是由图 4.32 得试样 A 破坏时的孔隙压力值为

$$\mu_{fA}=(p'_0-p'_f)+\frac{1}{3}q'_f=400-255+\frac{1}{3}\times 239=225\ \text{kPa}$$

同样求得试样 B 的 μ_f 值为

$$-\mu_{fB}=(p'_0-p'_f)-\frac{1}{3}q'_f=255-40-\frac{1}{3}\times 239$$

$$\mu_{fB}=-135\ \text{kPa}$$

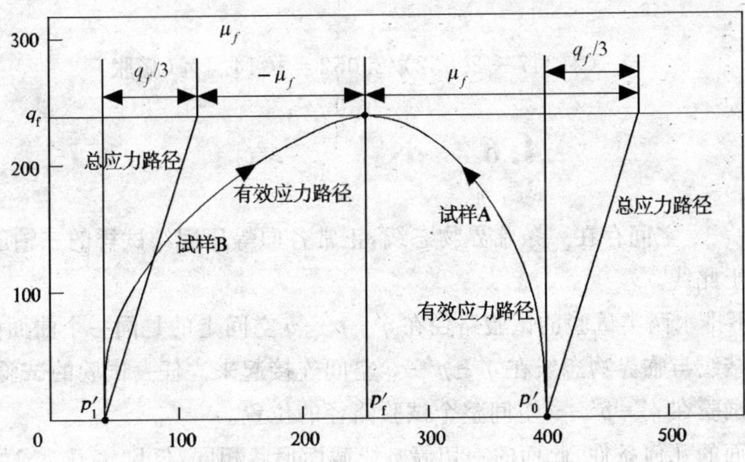

图 4.32　实测正常固结和超固结黏土试样不排水试验路径

应当注意剪切时膨胀(和软化) 的超固结试样与剪切时压缩(和硬化) 的正常固结试样之间性状的明显差别。可以把超固结试样做排水试验的膨胀与做不排水试验时产生负孔隙水压力联系起来，而对于正常的固结试样，排水试验中的压缩也可以与不排水试验中的正孔隙水压力联系起来。

例 4.6　计算正常固结试样和强超固结度试样排水试验的极限条件。

一个黏土试样(试样 A) 正常各向等压固结到 $p'_0=p_0=400$ kPa 和 $v_0=2.052$，第二个试样(试样 B) 各向等压固结到 863 kPa 并允许膨胀到 $p'_1=p=40$ kPa，此时比容是 $v_0=2.052$。然后两个试样都做标准排水三轴压缩试验。该黏土 $T=3.16$，$\lambda=0.2$ 和 $M=0.94$。试求两个试样在临界物态线上达到极限状态时的 p'，v 和 ε_V 值。

解　由式(4.10)，在极限条件下 p'_u 值表示为

$$p'_u=3p'_0(3-M)$$

试样 A

$$p'_{uA}=3\times400/(3-0.94)=583\ \text{kPa}$$

试样 B

$$p'_{uB}=3\times40/(3-0.94)=58\ \text{kPa}$$

在极限条件下 v_u 值为

$$v_u=T-\lambda\ln p'_u$$

试样 A

$$v_{uA}=3.16-0.2\ln583=1.886$$

试样 B

$$v_{uB}=3.16-0.2\ln58=2.348$$

试验时的体积应变为

$$\varepsilon_V=-\Delta v/v$$

试样 A

$$\varepsilon_{VA}=-(1.886-2.052)/2.052=8.06\%(\text{压缩})$$

试样 B

$$\varepsilon_{VB}=-(2.347-2.052)/2.052=-14.4\%(\text{膨胀})$$

4.6 小　　结

(1) 在 $q'-p'-v$ 空间存在一条临界物态线，正常各向等压固结试样的三轴压缩试验的全部试验路径均终于此线。

(2) 排水和不排水两类试验的试验路径在 $q'-p'-v$ 空间走的是同一个曲面(Roscoe 面)，此曲面将正常固结线与临界物态线在 $q'-p'-v$ 空间连接起来。任一试验的试验面与 Roscoe 面的交线确定该试验在 $q'-p'-v$ 空间整个试验路径的位置。

(3) Roscoe 面的几何条件：此面的一切等 v 线截面形状相同，仅尺寸不一。如果将应力除以等值压力 p'_e 变换比例尺作图，这些截面就成了一条规格化曲线。

(4) Roscoe 面即物态边界面。

(5) 在 $q'-p'-v$ 空间物态边界面，Hvorslev 面限定超固结试样的物态。

(6) 物态全界面包含 Roscoe 面和 Hvorslev 面，两者相交于临界物态线，它既适合正常固结试样又适合超固结试样，既适合排水试验又适合不排水试验，从而将范围很广的性状统一起来。

第 5 章　剑桥(土)模型

5.1　弹性变形和塑性变形

土的可恢复应变和不可恢复应变可由各向等压压缩来说明。在图 5.1 中，黏土的正常固结线用 ABC 表示。如果从点 B 开始卸荷，黏土就沿膨胀线 BD 移动，要是从点 D 再加荷，土顺路经 DB 折回到 B，此后，试样顺着正常固结线下移至 C，产生附加压缩。同样，若从点 C 开始卸荷，试样就沿膨胀线后退到 E。应当注意，在固定的某一平均有效正应力值下，该试样点 E 比容低于点 D，也就是说在 DBCE 路径上产生了某些不可恢复的(塑性)应变。沿膨胀线 DB 和 EC 应变是可恢复的。因此塑性应变必定产生于 BC 路径上，即处于物态边界面的那一部分路径上。

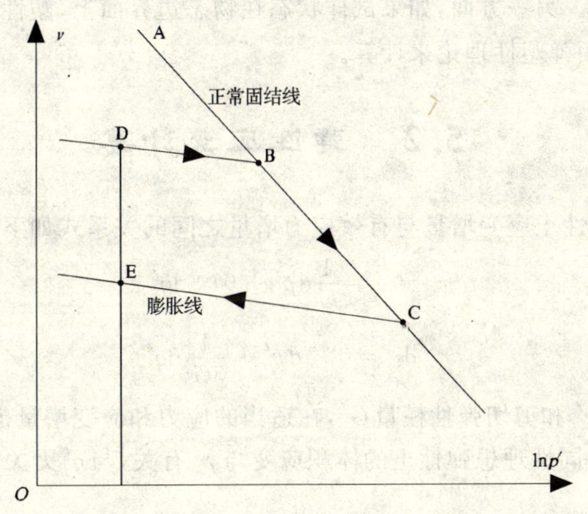

图 5.1　黏土在各向等压压缩和膨胀时的弹塑性状

可证明土的塑性(不可恢复的)应变仅仅产生于试验在经过物态边界面之时，在物态边界面以下的路径，应变是纯弹性可恢复的。

试样能由点 D 移至点 E 的其他路径有一个界限。所有的路径都要求试样穿过物态边界面移动。反之，试样在点 D 不产生塑性变形时可能走的路径也有一个界限。所有处在膨胀线 BD 以上，物态边界面下的垂直曲面上所有的路径，只会使土产生弹性变形。如图 5.2 所示这种曲面 BJIH 称为弹性墙(Elastic Wall)，当然存在无数个弹性墙，每个弹性墙都与某一特定的膨胀线相联系。

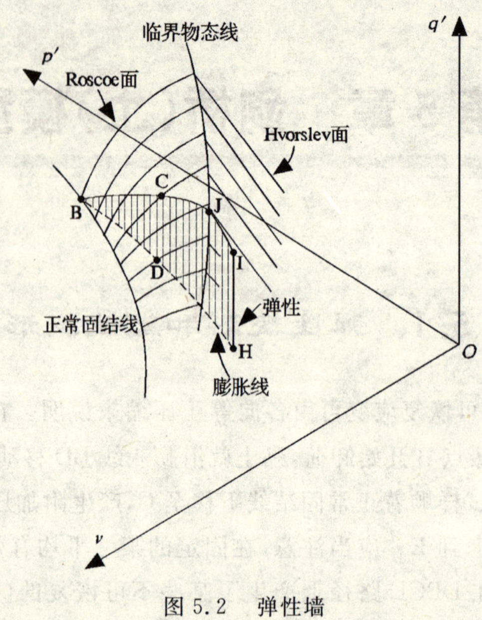

图 5.2　弹性墙

一方面，如果试样状态在物态边界面下方，就假定其性状是弹性的，而应力和应变可以由弹性理论来建立关系。另一方面，如果试样状态在物态边界面上，塑性应变和弹性应变都可能产生，塑性应变可以用弹塑性理论来计算。

5.2　弹性应变计算

各向同性理想弹性土应变增量与有效应力增量之间的关系式如下：

$$d\varepsilon_V = \frac{1}{k'}dp' + 0 \times dq' \tag{5.1}$$

$$d\varepsilon_s = 0 \times dp' + \frac{1}{3G'}dq' \tag{5.2}$$

式中，体积弹性模量 k' 和剪切弹性模量 G'，在适当的应力和应变增量范围内是常数。式(5.1)与式(5.2)表明，各向同性理想弹性土的体积应变与 p' 有关，与 q' 无关，而剪应变与 q' 有关，与 p' 无关。

已假定图 5.3 中存在弹性墙 BJIH，并认为试样状态在物态边界面下方的超固结土的路径一定处在某特定的弹性墙上，从而超固结土样加荷或卸荷时所走的路径一定会顺着弹性墙与相应的排水或不排水加荷平面的交线前进。于是图 5.3 表示弹性墙与常体积加荷或卸荷试验的不排水平面 QRST 的交线 DG。DG 路径由点 D 垂直上升到物态边界面上的点 G。若试样加荷超过点 G，它就要受塑性变形。试样状态穿过物态边界面顺着此界面与不排水平面的交线朝临界物态线与不排水平面的交点 F 的极限状态前进。

对于饱和土的不排水加荷情况，$d\varepsilon_V = 0$ 结果有式(5.1)，这就证实了图 5.3 中应力路径 DG 顺不排水平面与弹性墙的交线垂直上升。由于这个原因，在图 5.4 中将别的图上超固结试样的不排水有效应力路径画成垂直的，直至达到物态边界为止。

$$dp' = 0 \tag{5.3}$$

图 5.4 表示弹性墙与排水平面(QRST 的交线 DG),这就是各向同性弹性土试样做排水三轴压缩试验中加荷或卸荷时所走的路径。DG 线不是直线,因为弹性墙作平面图是弯曲的,且随着 p' 的增大体积减小,由于这个原因,在排水三轴试验中试样达到物态边界面以前超固结试样有压缩现象。如果试样加荷超过点 G(见图 5.4),它就要受塑性应变,此时,试样的状态穿过物态边界面沿着此界面与排水平面的交线,朝点 F 的极限状态前进,点 F 是临界物态线与排水平面的交点。

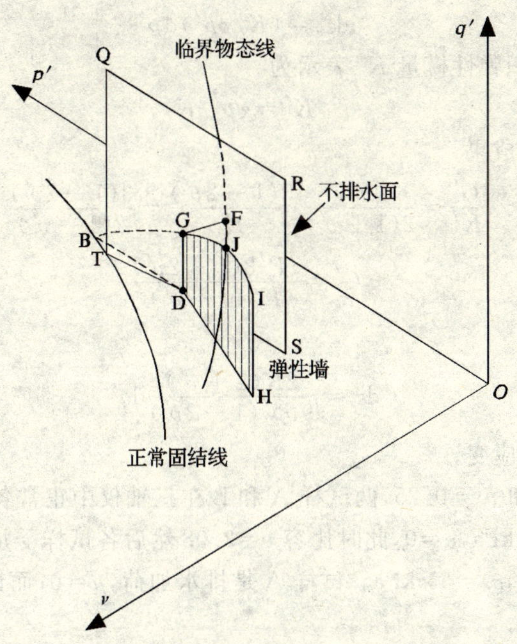

图 5.3　弹性墙与不排水平面的交线

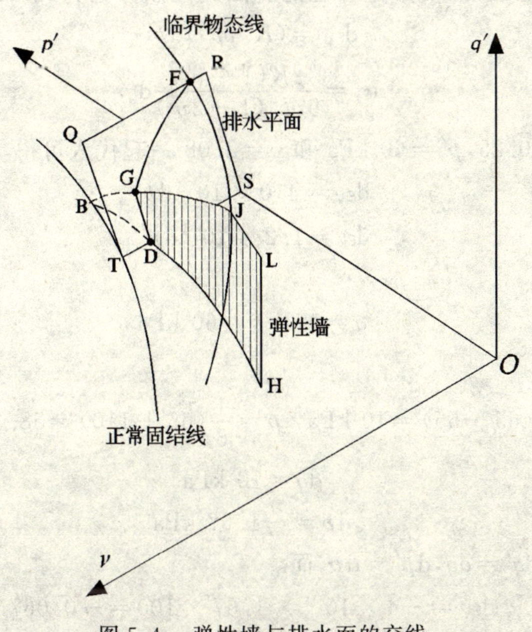

图 5.4　弹性墙与排水面的交线

现在计算各向同性理想弹性土试样在排水三轴压缩试验中沿 DG 加荷或卸荷时的剪应变和体积应变。弹性墙直立在膨胀线 BDH 上方，弹性墙表示为

$$v = v_k - K\ln p' \tag{5.4}$$

或

$$\mathrm{d}v = -K(\mathrm{d}p'/p') \tag{5.5}$$

考虑到 $\mathrm{d}\varepsilon_v = -\mathrm{d}v/v$，就有

$$\mathrm{d}\varepsilon_v = (K/vp')\mathrm{d}p' \tag{5.6}$$

于是，该土体的体积弹性模量 K' 表示为

$$K' = vp'/K \tag{5.7}$$

利用弹性材料所得成果

$$\frac{G'}{K'} = \frac{E'}{2(1+v')}\frac{3(1-2v')}{E'} = \frac{3(1-2v')}{2(1+v')} \tag{5.8}$$

得

$$G' = \frac{vP'3(1-2v')}{K2(1+v')} \tag{5.9}$$

因此由式(5.2) 得

$$\mathrm{d}\varepsilon_s = \frac{2K(1+v')}{9vp'(1-2v')}\mathrm{d}q' \tag{5.10}$$

例 5.1　计算弹性应变。

某种土 $K = 0.05$ 和 $v' = 0.25$，两试样 A 和 B 在三轴仪中正常各向等压固结到 $p' = 1\ 000$ kPa，然后膨胀到 $p = 60$ kPa，$\mu = 0$，此时比容 $v = 2.08$ 然后各试样受加荷试验，将轴向和径向总应力改变到 $\sigma_a = 65$ kPa，$\sigma_r = 55$ kPa。试样 A 是排水加荷，$\mu = 0$；而试样 B 是不排水加荷，$\varepsilon_V = 0$，两试样均未达到屈服。

试计算每个试验中剪应变与体积应变和孔隙压力变化。

解　土体未达到屈服点，变形是弹性的。因此控制方程为式(5.6) 和式(5.10)，即

$$\mathrm{d}\varepsilon_V = (K/vp')\mathrm{d}p'$$

$$\mathrm{d}\varepsilon_s = \frac{2K(1+v')}{9vp'(1-2v')}\mathrm{d}q'$$

将 $K = 0.05$，$v' = 0.25$，$p' = 60$ kPa 和 $v = 2.08$ 一起代入可得

$$\mathrm{d}\varepsilon_V = 4.0\times10^{-4}\mathrm{d}p'$$

$$\mathrm{d}\varepsilon_s = 1.2\times10^{-4}\mathrm{d}p'$$

对两试样加荷前

$$q = 0,\quad p = 60\ \mathrm{kPa}$$

加荷后

$$q = (65-55) = 10\ \mathrm{kPa},\ p = \frac{1}{3}(65+110) = 58.33\ \mathrm{kPa}$$

因而

$$\mathrm{d}q = 10\ \mathrm{kPa}$$

$$\mathrm{d}p = -1.67\ \mathrm{kPa}$$

对试验 A，$\mu = 0$；因此 $\mathrm{d}q' = \mathrm{d}q$，$\mathrm{d}p' = \mathrm{d}p$，而

$$\mathrm{d}\varepsilon_V = -4\times10^{-4}\times1.67\times100 = -0.067$$

$$\mathrm{d}\varepsilon_s = 1.2\times10^{-4}\times10\times100 = 0.12\%$$

对试验 B,$d\varepsilon_V=0$,因此 $dp'=0$,$d\mu=d\mu=dp$,但因为 $dq'=dq$,$d\varepsilon_s$ 保持不变,所以

$$d\mu=-1.67\ \text{kPa}$$

$$d\varepsilon_s=0.12\%$$

5.3　土的塑性

试样应力状态在弹性墙上并在物态边界面下方时,应变一定是纯弹性的和可恢复的。这样,其状态处在图 5.2 的弹性墙 BJIH 上的任何地方的试样都可以在弹性墙上到处移动,而只引起弹性应变。试样状态接触到物态边界面时,才产生塑性应变。因此,经典的屈服曲线就用弹性墙(上面只有弹性应变)与物态边界面(上面能出现塑性应变)的交线来表示。于是可以把弹性墙顶 BJI 向后投影到 $q'-p'$ 坐标面上,求得那个弹性墙上的全部试样的屈服曲线 LMN 如图 5.5 所示。

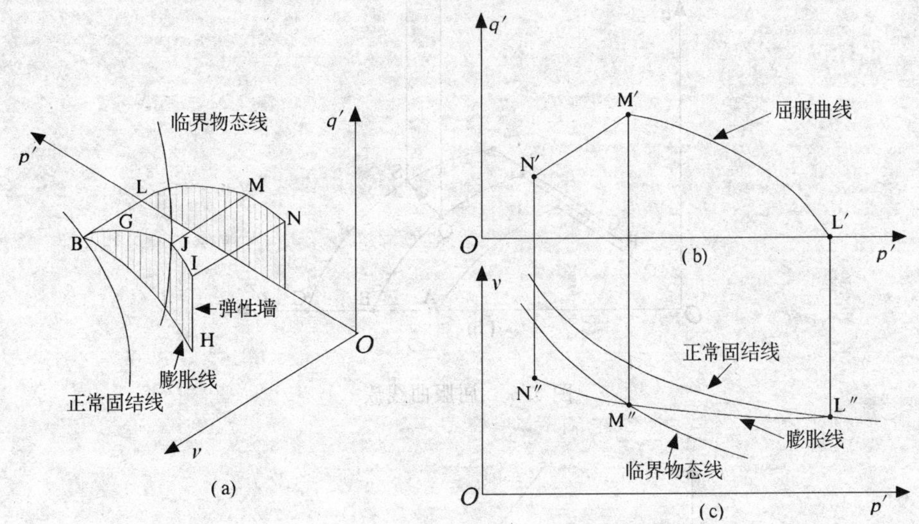

图 5.5　弹性墙和相应的屈服曲线

试样处在 BJIH 这个特定的弹性墙上的条件是试样在 $v-p'$ 坐标面内的膨胀线 $L''M''N''$ 上(见图 5.5(c))。其他的一些弹性墙也各有相应于不同的膨胀线(见图 5.6),而切合于某一试样的弹性墙和屈服曲线,由试样在 $v-p'$ 坐标面内的位置即可求得。还应当注意,如果试样处于图 5.6 中的 Q 状态,然后受到 QS 那样的荷载应力增量,试样比容就会受到某种变化 Δv,Δv 将使试样的状态在 $v-p'$ 坐标面内移动,此刻它处在弹性墙 CC 上而不再在弹性墙 BB 上。在 $q'-p'$ 图上就会有一条适当的新屈服曲线(曲线 CC),而随着曲线 BB 扩展到 CC,试样已经加工硬化。

如图 5-7 所示考察沿正常固结线压缩到 B 允许膨胀到 D 再压缩到 B 然后到 C,允许膨胀到 E 的某试样。试样能够沿膨胀线 EC 和 DB 弹性移动而不引起塑性变形。可是从 B 到 C 加荷,会引起某些塑性不可恢复的体积应变。塑性应变的大小,可以通过比较相同的 $p'=p'_D$ 值时,D,E 两点的比容来求得。比容从 D 到 E 增大 Δv,即

$$\Delta v=v_E-v_D \tag{5.11}$$

因此，塑性体积应变增量是

$$d\varepsilon_V^p = -\Delta v / v_D = (v_D - v_E) / v_D \tag{5.12}$$

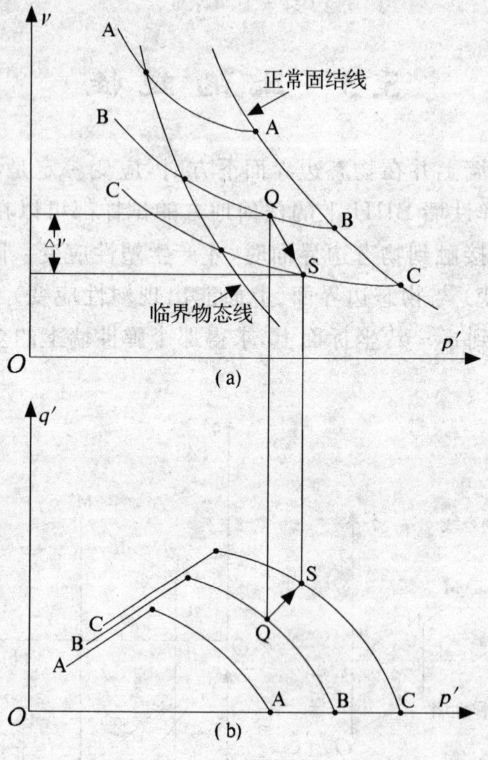

图 5.6　屈服曲线簇

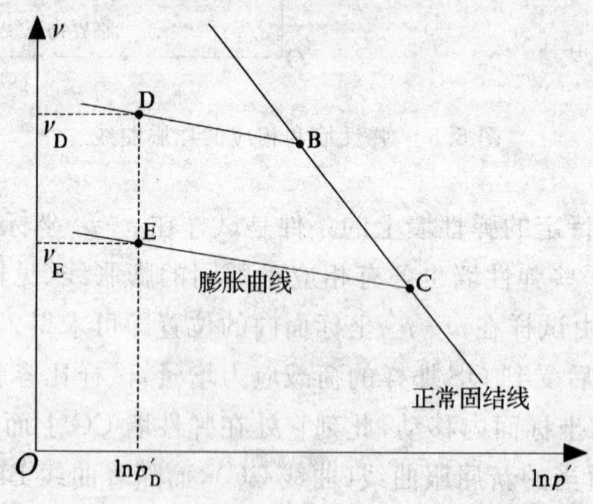

图 5.7　各向等压压缩和卸荷期间的性状

当然，两条膨胀线 DB 和 EC 各有与之相应的弹性墙，因此式(5.12) 表示的塑性体积应变增量与试样从 DB 上方的弹性墙上任一状态向 EC 上方的弹性试样上任一状态的移动相适应。这样只要有可能在加荷增量(如图 5.6(b) 中 QS) 标记出初始和最终屈服曲线(曲线 BB 和 CC) 和两个相应的弹性墙(如图 5.6(a) 中的 BB,CC)，由此而产生的塑性体积应变增量就能用类似式(5.12)的方程计算。该式等效于硬化规律,因为用它可以计算从相应于第一个弹性墙上应力变化到相应于第二个弹性墙上的应力时塑性体积应变增量。

将塑性应变增量作为具有 $d\varepsilon_s^p$, $d\varepsilon_V^p$ 分量的矢量,图 5.8 假设其满足以下有代表性的关系式:

$$\frac{d\varepsilon_s^p}{d\varepsilon_V^p}=\frac{1}{M-q'/p'} \tag{5.13}$$

式(5.13)亦称为塑性应变的流动规则。

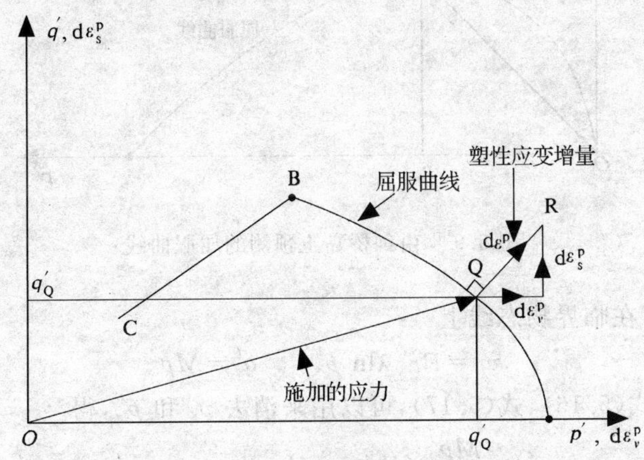

图 5.8 屈服期的应变增量

5.4 剑桥(土)模型的假设与推导

剑桥黏土理论的关键性假设之一是流动规则服从正交条件。如果图 5.8 中的塑性应变增量矢量处处与屈服轨迹(Yield Locus)正交,只须确定屈服曲线的形状或 $d\varepsilon_s^p/d\varepsilon_V^p$ 与应力状态之间的关系(流动规则),流动规则和屈服曲线两者便能得到完全确定。

第二个关键性假设是出于对剪切是消耗的功的考虑,就是假定流动规则用下式表示:

$$\frac{d\varepsilon_V^p}{d\varepsilon_s^p}=M-\frac{q'}{p'} \tag{5.14}$$

该式推断相应的屈服曲线用下式表示:

$$\frac{q'}{Mp'}+\ln\frac{p'}{p'_x}=1 \tag{5.15}$$

式中 p'_x—— 屈服曲线与临界物态线的投影线相交点 x 的 p' 值,如图 5.9 所示。

也应注意,屈服曲线的斜率在 x 处为零,这意味着 $d\varepsilon_V^p/d\varepsilon_s^p$ 在临界物态下也是零。当然,对于不同的弹性墙顶的不同屈服曲线,p'_x是不同的。在一簇弹性墙的顶部,确实会有完整的一簇屈服曲线,如图 5.10 所示整列的屈服曲线在 $q'-p'-v$ 空间共同构成一个三维面,它将限定试样的可能状态。

剑桥黏土的物态边界面的方程可以利用屈服曲线的成果求得,尤其是曲线上的最高点 $v=v_x$,$p'=p'_x$的点 x 落在一条膨胀线上,即

$$v_K=v+K\ln p'=v_x+K\ln p'_x \tag{5.16}$$

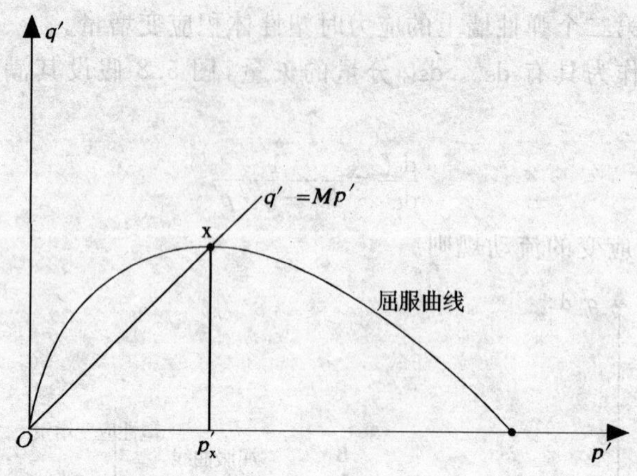

图 5.9　由剑桥黏土预测的屈服曲线

此最高点 x 也落在临界物态线上

$$v_{x}=\Gamma-\lambda\ln p'_{x},\quad q'_{x}=Mp'_{x} \tag{5.17}$$

结合式(5.15)、式(5.16)、式(5.17),可以用来消去 v_{x} 和 p'_{x},得

$$q'=\frac{Mp'}{\lambda-K}(\Gamma+\lambda-K-v-\lambda\ln p') \tag{5.18}$$

该式即剑桥黏土物态边界面方程。此物态边界面沿着正常固结线与 $v-p'$ 坐标面相交,$q'=0, v=N-\lambda\ln p'$,因而由式(5.18)得

$$N-\Gamma=\lambda-K \tag{5.19}$$

式(5.18)定义一个根据土的基本参数 M,Γ,λ,和 K,以 q',p' 和 v 为坐标系绘制的面。剑桥黏土的理论屈服面的近似形状在图 5.10 中画出。

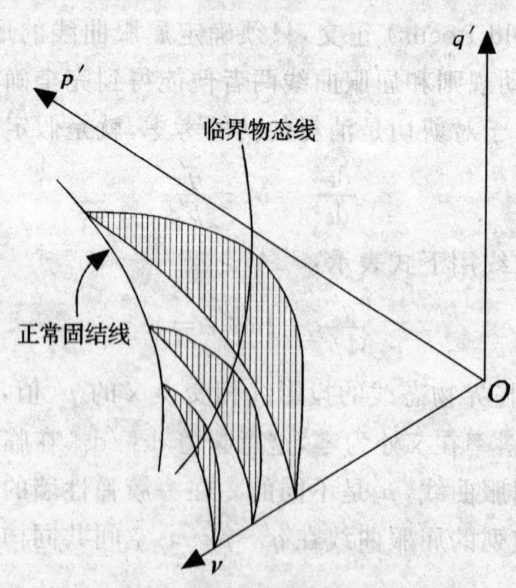

图 5.10　剑桥黏土的屈服曲线簇

将上面和前节中讨论的各种概念集中在一起,使用剑桥黏土理论就可以预测加荷增量所

引起的应变。假设试样在屈服点 A 上(见图 5.11),应力为 q'_A 和比容为 v_A,试样在排水条件下受应力增量作用,有效应力改变为 q'_B,p'_B,要求计算塑性体积应变和剪应变。

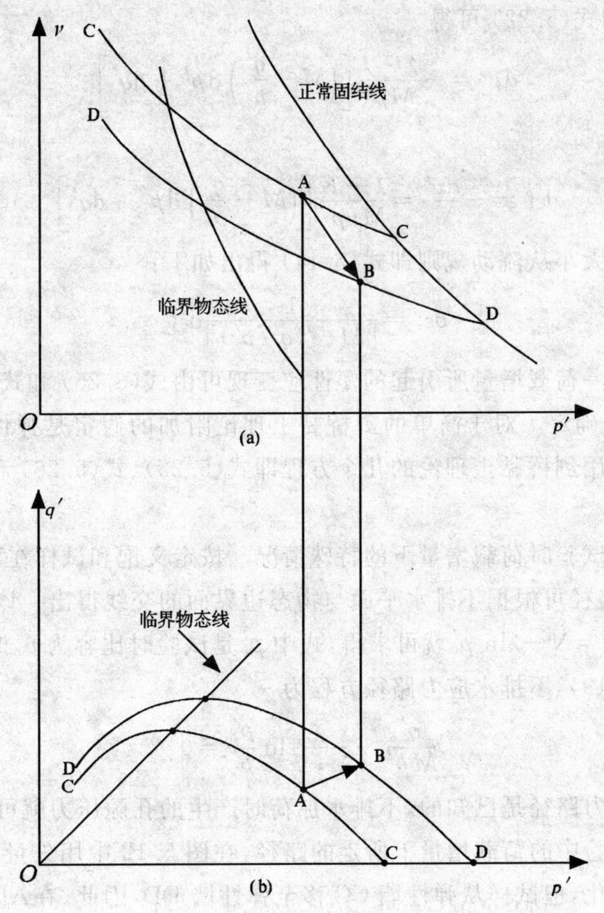

图 5.11　剑桥黏土的屈服和硬化

图 5.11(b) 表明此应力增量使试样从与膨胀线 CC 相应的弹性墙移至与膨胀线 DD 相应的弹性墙。因此能够用图 5.11(a) 中两膨胀线之间的垂直间距计算塑性体积应变增量。实际上,最容易的是进行数字分析而不用图解法。物态边界面方程式(5.18) 能改写成

$$v = \Gamma + \lambda - K - \lambda \ln p' - \frac{(\lambda - K)q'}{Mp'} \tag{5.20}$$

因而求微分得

$$dv = -\lambda \frac{dp'}{p'} - \frac{(\lambda - K)dq'}{Mp'} + \frac{(\lambda - K)q' dp'}{M(p')^{1/2}} \tag{5.21}$$

但是,必须记住 p' 的变化不仅会引起塑性体积变化,而且也会引起相当于膨胀线下移的弹性体积变化,弹性体积变化用式(5.5) 表示如下:

$$dv^e = -K(dp'/p') \tag{5.22}$$

比容的塑性(不可恢复的) 变化为

$$d\varepsilon_v^e = \frac{dv^e}{v} = \frac{K dp'}{vp'} \tag{5.23}$$

$$dv^p = dv - dv^e$$

因而利用式(5.21)和式(5.22)可得

$$dv^p = -\frac{\lambda - k}{Mp'}\left[\left(M - \frac{q'}{p'}\right)dp' + dq'\right] \tag{5.24}$$

因此塑性体积应变为

$$d\varepsilon_V^p = -\frac{dv^p}{v} = \frac{\lambda - K}{Mvp'}\left[\left(M - \frac{q'}{p'}\right)dp' + dq'\right] \tag{5.25}$$

塑性应变增量的大小从流动规则即式(5.14)得出如下：

$$d\varepsilon_s^p = \frac{1}{[M - (q'/p')]} d\varepsilon_V^p \tag{5.26}$$

使产生屈服的任一荷载增量所引起的塑性应变现可由式(5.25)和式(5.26)确定，而弹性体积应变由式(5.22)确定。对于简单的剑桥黏土理论附加的假定是弹性剪应变为零。因此某荷载增量下的应变用剑桥黏土理论的几个方程即式(5.25)、式(5.26)和式(5.22)全部确定下来。

下面讨论不排水试验时荷载增量下的特殊情况。按定义饱和试样在不排水试验时无体积变化，因此有效应力路径可根据不排水平面与物态边界面的交线得出。该有效应力路径，只要从式(5.18)，令 $v = v_0 = N - \lambda \ln p'_0$ 就可求得，式中 p'_0 是试验时比容为 v_0 时正常固结线上的 p' 值。因此，利用式(5.19)，不排水应力路径方程为

$$\frac{q'}{Mp'} + \frac{\lambda}{\lambda - k}\ln\frac{p'_0}{p'_0} = 0 \tag{5.27}$$

如果施加的总应力路径是已知的，不排水加荷时产生的孔隙压力就可确定。

试样在不排水试验中的荷载增量下所走的路径，在图 5.12 中用矢量 $\overrightarrow{AB}$ 表示。当然注意尽管没有总的体积变化，但试样从弹性墙 CC 移至弹性墙 DD，因此，在 $\overrightarrow{AB}$ 路径上必将产生塑性(压缩的)体积应变增量。可是，也应注意荷载从 A 到 B 增加时，p' 将减小，一定有弹性(膨胀)体积应变。因此很显然，如果试样总体积不变，则弹性和塑性体积应变一定大小相等，但符号相反，因而总和为零。

弹性和塑性体积应变增量的大小，由式(5.22)和 $d\varepsilon_v^e + d\varepsilon_V^p = 0$ 求得如下：

$$d\varepsilon_v^e = \frac{K dp'}{vp'} = -d\varepsilon_V^p \tag{5.28}$$

因而塑性剪应变增量用式(5.26)和式(5.28)得出如下：

$$d\varepsilon_s^p = -\frac{K dp'}{vp'[M - q'/p']} \tag{5.29}$$

剑桥黏土理论的价值在于它为土体提供了一套完整的本构关系，有了这种关系就能够描述各种各样的应力路径下排水和不排水加荷时的变形和孔隙压力。所需要的土性常数(M, λ, K, Γ)不多，都能用一般的室内试验测得。

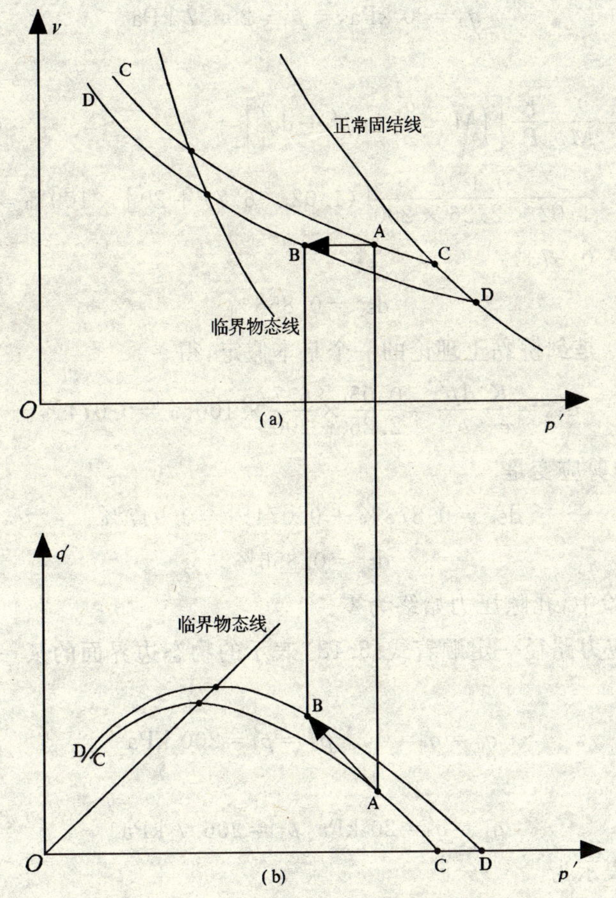

图 5.12　不排水加荷增量下的屈服和硬化

例 5.2　计算塑性应变。

某土样 $M=1.02$, $\Gamma=3.17$, $\lambda=0.20$, $K=0.05$, $N=3.32$。两个试样 A 和 B 在三轴仪内正常各向等压固结到 $p'=200$ kPa 和 $\mu=0$ 然后各试样都做加荷试验，试验中轴向总应力增加到 $\sigma_a=220$ kPa 而径向应力保持不变。试样 A 在排水条件，同时 $\mu=0$，而试样 B 在不排水条件下加荷，同时 $\varepsilon_V=0$。

试用剑桥黏土理论估算各试样的剪应变与体积应变和孔隙压力变化。两试样的状态在加荷开始以及总应力增大的各种情况下均处在屈服面上(在屈服面与正常固结线交点)，因而在两试验中，试样的状态随着试样达到屈服和加工硬化将在物态边界面上移动。正常固结到 $p'=200$ kPa 以后，各试样在加荷开始时的比容为

$$v_0=N-\lambda\ln p'=3.32-0.20\ln 200=2.26$$

$$q'_0=0$$

因此，对两试样，由式(5.26) 得

$$\frac{d\varepsilon_V^p}{d\varepsilon_s^p}=M=1.02$$

试样 A 加荷前　　　　　$q'_0=0$，　$p'_0=200$ kPa

加荷后 $q'_1=20\ \text{kPa},\quad p'_1=206.7\ \text{kPa}$

因此，由式(5.25)得

$$d\varepsilon_V^p=\frac{\lambda-K}{Mv_0P_0}\left[\left(M-\frac{q'_0}{p'_0}\right)dp'+dq'\right]=$$

$$\frac{0.15}{1.02\times2.26\times200}[(1.02\times6.7)+20]\times100\%=$$

$$0.873\%$$

所以 $d\varepsilon_s^p=0.856\%$

弹性应变 $d\varepsilon_s^e=0$ 是剑桥黏土理论的一个基本假定，得

$$d\varepsilon_v^e=\frac{K}{v_0}\frac{dp'}{p'_0}=\frac{0.05}{2.26}\times\frac{6.7}{200}\times100\%=0.074\%$$

因而总的体积应变和剪应变是

$$d\varepsilon_V=0.873\%+0.074\%=0.947\%$$

$$d\varepsilon_s=0.856\%$$

当然，在排水试验中，孔隙压力始终为零。

对试样B，有效应力路径一定顺着式(5.18)表示的物态边界面的某一等体积截面走，因而加荷前

$$q_0=q'_0=0,\quad p_0=p'_0=200\ \text{kPa}$$

加荷后

$$q_1=q'_1=20\ \text{kPa},p_1=206.7\ \text{kPa}$$

p' 由式(5.18)表示为

$$q'=\frac{MP'}{\lambda-k}(\Gamma+\lambda-K-v_0-\lambda\ln p')$$

即
$$20=\frac{1.02p'}{0.15}(3.17+0.15-2.26-0.20\ln p')$$

用图解法或其他方法得 $p'_1=184.7\ \text{kPa}$，因此 $dp'=-15.3\ \text{kPa}$。

$$dp=6.7\ \text{kPa}$$

因此不排水加荷时孔隙压力的增加是 $d\mu=dp-dp'$，即 $d\mu=22.0\ \text{kPa}$。

塑性体积应变用式(5.18)得出

$$d\varepsilon_V^p=-d\varepsilon_v^e=-\frac{dv^e}{v}=-\frac{Kdp'}{v_0p'_0}=\frac{0.05\times15.3}{2.26\times200}\times100\%=0.169\%$$

而塑性剪应变由式(5.26) $q'_0/p'_0=0$ 时为

$$d\varepsilon_s^p=\frac{0.169\%}{1.02}=0.166\%$$

既然弹性剪应变在剑桥黏土理论中假定为零，故

$$d\varepsilon_s=0.166\%$$

在不排水加荷时剑桥黏土的剪应变($\varepsilon_s=0.166\%$)比同一总应力路径下排水加荷时的数值($\varepsilon_s=0.871\%$)要小很多。

5.5　小　　结

(1) 土与其他工程材料一样,必须区分弹性(可恢复)应变和塑性(不可恢复)应变。

(2) 塑性应变仅仅出现在试样状态沿物态边界移动的时候。

(3) 当试样状态始终在一个弹性墙上时,应变就是纯弹性的。

(4) 塑性应变能利用屈服曲线、流动规则和硬化规律来计算。

(5) 剑桥黏土理论中屈服曲线、流动规则和硬化规律的数学表达式可以用来计算任何荷载增量时的应变。

第 6 章 常规土工试验和临界物态模型的关系

6.1 莫尔-库伦破坏标准

观察图 6.1 中的土样，当 A—A′ 面上正应力 σ 和剪应力 τ 达到了某一极限值时，土样正好发生破坏，在此面上产生破坏时 τ 与 σ 的不同组合通常可以用线性方程表示：

$$\tau = c + \sigma \tan \varphi \tag{6.1}$$

c 与 φ 通常分别称为凝聚力和内摩擦角。根据有效应力原理，抗剪强度的变化(即破坏时 τ 的变化) 仅仅取决于有效应力的变化，式(6.1) 可写成

$$\tau' = c' + \sigma' \tan \varphi' \tag{6.2}$$

式中，凝聚力和内摩擦角用符号 c' 与 φ' 表示，以示该式是用有效应力写成的，且 $\tau = \tau'$。

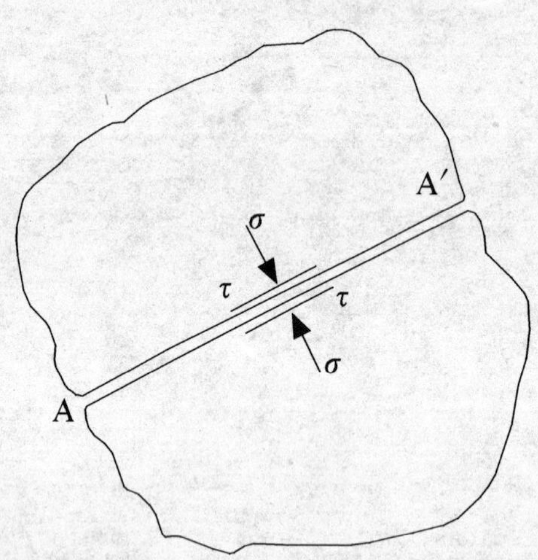

图 6.1 土沿破坏面 A—A′ 的滑动

在某些情况下若不知道土内 P 的孔隙水压力值，可使用式(6.1) 的形式。不扰动土样不测孔隙压力的三轴不排水快剪试验就是一个常见的例子。式(6.1) 可改写成

$$\tau = c_U + \sigma \tan \varphi_U \tag{6.3}$$

式中用下标 U 表示式(6.3) 为不排水加荷的总应力形式。

式(6.1) ~ 式(6.3) 总称莫尔-库伦破坏标准，式(6.2) 可以用图 6.2 莫尔应力图上的 AB 线表示，在此平面上土就接近破坏。而且在已知的正应力下，土不能承受大于 AB 线上此正应

力点所给出的剪应力。

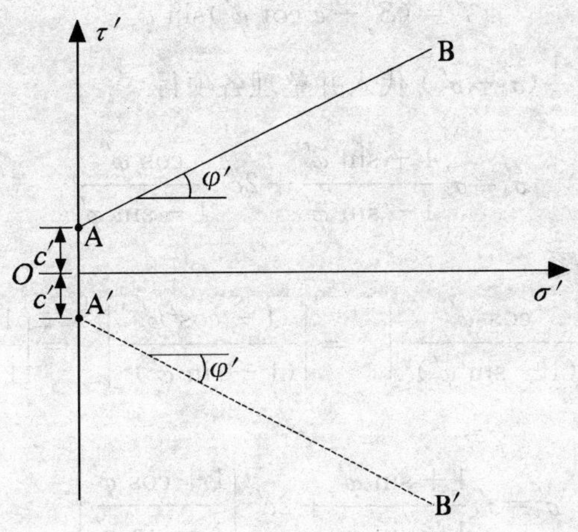

图 6.2　莫尔-库伦破坏包络线

剪应力的大小满足式(6.2)时，土就会产生破坏，显然不管 τ' 的符号如何，破坏是一定要产生的。在莫尔图上势必有一条相应的 A′B′ 线适用于负的 τ' 值。

作用在破坏面上的应力可以用莫尔圆 ①(见图 6.3) 表示，该莫尔圆正好与 AB 线相切于一点 S，这一点就相当于破坏面上的应力。

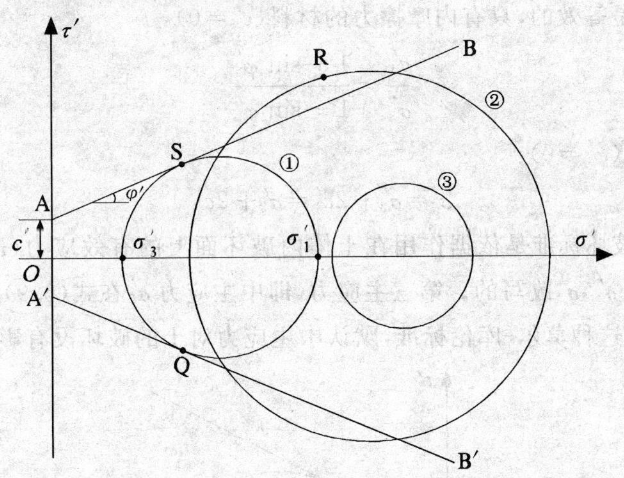

图 6.3　可能的莫尔应力圆和不可能的莫尔应力圆

圆 ② 类似的应力圆是不会有的，因为这种应力圆要求土在由点 R 表示其应力的一平面抵抗比它能承受的还要大的剪应力，相反，用圆 ③ 表示的应力状态是完全可能的。不过这时土内没有平面处于破坏状态。

AB，A′B′ 线通常称为莫尔-库仑破坏包络线，两线是所有剪切破坏状态的莫尔圆的切线。

在图 6.4 中有某些几何关系存在，只要土处于破坏状态这些几何关系就必然适合。特别

是应力圆的半径 t' 一定与圆心的位置有如下关系：

$$t'=(S'+c'\cot\varphi')\sin\varphi' \tag{6.4}$$

将 $t'=\frac{1}{2}(\sigma'_1-\sigma'_3)$ 和 $S'=\frac{1}{2}(\sigma'_1-\sigma'_3)$ 代入并整理各项得

$$\sigma'_1=\sigma'_3\frac{1+\sin\varphi'}{1-\sin\varphi'}+2c'\frac{\cos\varphi'}{1-\sin\varphi'} \tag{6.5}$$

进行三角变换，利用下列关系

$$\frac{\cos\varphi'}{1-\sin\varphi'}=\left[\frac{\cos^2\varphi'}{(1-\sin\varphi')^2}\right]^{\frac{1}{2}}=\left[\frac{1-\cos^2\varphi'}{(1-\sin\varphi')^2}\right]^{\frac{1}{2}}=\left(\frac{1+\cos\varphi'}{1-\sin\varphi'^2}\right)^{\frac{1}{2}} \tag{6.6}$$

得

$$\sigma'_1=\sigma'_3\frac{1+\sin\varphi'}{1-\sin\varphi'}+2c'\left(\frac{1+\cos\varphi'}{1-\sin\varphi'}\right)^{\frac{1}{2}} \tag{6.7}$$

或者利用下面的关系

$$\tan^2\left(\frac{1}{2}\pi+\frac{1}{2}\varphi'\right)=\frac{1+\cos\varphi'}{1-\sin\varphi'} \tag{6.8}$$

得到

$$\sigma'_1=\sigma'_3\tan^2\left(\frac{1}{4}\pi+\frac{1}{2}\varphi'\right)+2c'\tan\left(\frac{1}{4}\pi+\frac{1}{2}\varphi'\right) \tag{6.9}$$

式(6.5) 和式(6.9) 是等效的，只有内摩擦力的材料($c'=0$)：

$$\frac{\sigma'_1}{\sigma'_3}=\frac{1+\sin\varphi'}{1-\sin\varphi'} \tag{6.10}$$

而只有凝聚力的材料($\varphi'=0$)：

$$\sigma'_1=\sigma'_3+2c'=\sigma'_3+2c' \tag{6.11}$$

上述莫尔-库伦破坏标准是依据作用在土体内破坏面上的有效应力(τ',σ') 推导的，也是依据两个有效主应力 σ'_1,σ'_3改写的。第三主应力，即中主应力 σ'_2在式(6.9) 中和图 6.4 的莫尔圆上均未出现。采用这种莫尔-库伦标准，默认中主应力对土的破坏没有影响。

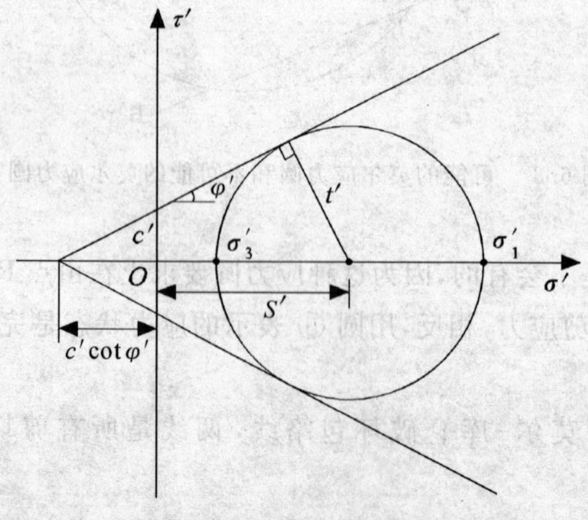

图 6.4　破坏应力状态

例 6.1　计算破坏面的方向。

某土体 $c'=15\ \text{kPa}$，$\varphi'=25^\circ$，且外在破坏点上有效大主应力 $\sigma_1'=70\ \text{kPa}$，其方向与 X 轴倾斜成 20°(见图 6.5(a))。试计算两破坏面的方向 σ_3' 值。

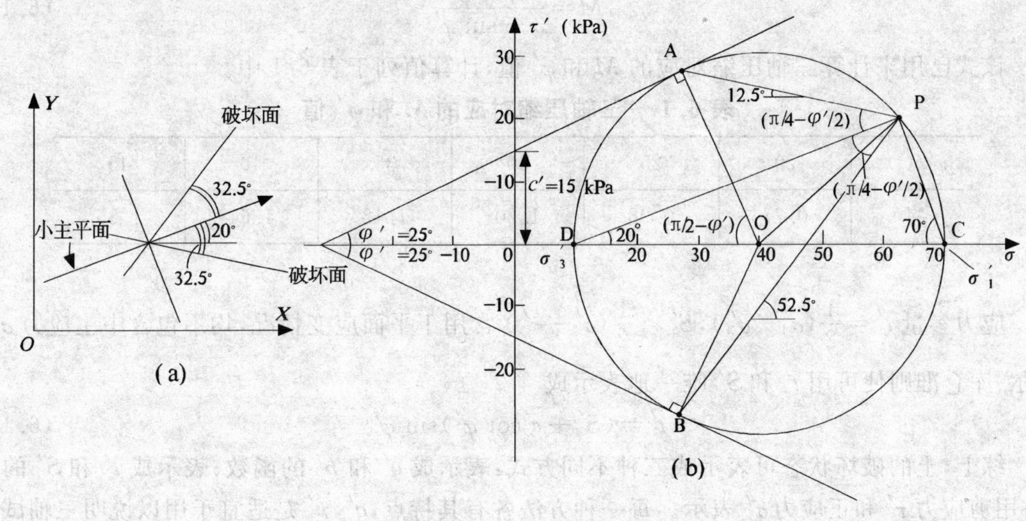

图 6.5　计算实例

解　可以用式(6.7)计算。

$$\sigma_1'=\sigma_3'\frac{1+\sin\varphi'}{1-\sin\varphi'}+2c'\left(\frac{1+\sin\varphi'}{1-\sin\varphi'}\right)^{\frac{1}{2}}$$

$$70=\sigma_3'\frac{1+\sin 25^\circ}{1-\sin 25^\circ}+2\times 15\left(\frac{1+\sin 25^\circ}{1-\sin 25^\circ}\right)^{\frac{1}{2}}$$

$$\sigma_3'=9.3\ \text{kPa}$$

有效应力莫尔圆可以画成如图 6.5(b) 所示。莫尔圆的极点 P 可以这样来作，过点 C 引 CP 线，点 C 表示 σ_1'，CP 倾斜方向与大主平面平行，即与 σ' 轴成 70° 倾角，该线与莫尔圆相交于 P(62.9,19.5) 即得极点。

土内两破坏面上的应力用 A(26.8,27.5) 和 B(26.8,−27.5) 两点代表，应力圆与莫尔包络线正好相切于这两点。两破坏面的方向，分别由 PA 和 PB 两线对 X 轴的倾角(−12.5°+52.5°) 表示，如图 6.5(a) 所示。

应当注意，大主应力 σ_1' 的方向与破坏面 A 之间的夹角用 ∠DPA 表示。∠DOA 为 $\frac{1}{2}\pi-\varphi'$，是 ∠DPA 的两倍，因此破坏面 A 与大主应力的方向成 $\frac{1}{4}\pi-\frac{1}{2}\varphi'$ 的倾角。同样，破坏面 B 也与大主应力方向成 $\frac{1}{4}\pi-\frac{1}{2}\varphi'$ 的倾角，但在破坏面 A 的另一边。因此破坏面 A 和 B 之间的夹角是 $\frac{1}{2}\pi-\varphi'$。

有效应力参量 q' 和 p' 适于研究三轴试验的不变量。在三轴压缩试验中，轴向应力大于另外两个相等的主应力。因此 $\sigma_a'=\sigma'$ 和 $\sigma_1'=\sigma_2'=\sigma_3'$ 纯摩擦性材料，破坏时

$$\frac{q'}{p'}=\frac{3(\sigma_1'+\sigma_3')}{\sigma_1'+2\sigma_3'}=\frac{3(1+\sin\varphi'-1+\sin\varphi')}{1+\sin\varphi'+2-2\sin\varphi'}=\frac{6\sin\varphi'}{3-\sin\varphi'} \tag{6.12}$$

这样,要是破坏产生于临界物态线上,则

$$M=\frac{6\sin\varphi'}{3-\sin\varphi'} \tag{6.13}$$

该式已用来计算三轴压缩对应的 M 和 φ' 值,计算值列于表 6.1 中。

表 6.1　三轴压缩对应的 M 和 φ' 值

$\varphi'/(°)$	20	25	30	35	40	45
M	0.77	0.98	1.20	1.42	1.64	1.85

应力参量 $t'=\frac{1}{2}(\sigma_1'-\sigma_3')$,$S'=\frac{1}{2}(\sigma_1'+\sigma_3')$ 常用于平面应变情况,均不包含中主应力 σ_2',莫尔-库仑准则便可用 t' 和 S' 唯一地表示成

$$t'=(S'+c'\cot\varphi')\sin\varphi' \tag{6.14}$$

综上,土的破坏状态可表示成三种不同方式:表示成 q' 和 p' 的函数;表示成 t' 和 S' 的函数;用剪应力 τ' 和正应力 σ' 表示。每一种方法各有其特点,q',p' 是适宜于用以说明三轴试验资料的参量,t',S' 适合于平面应变试验,而 τ',σ' 用于分析有关极限平衡和破坏的大部分问题。

6.2　一维压缩

土单元在一维正常固结期内,垂直有效应力 σ_v' 和水平有效应力 σ_h' 之间有一个固定值,在一维压缩中,静止土压系数 K_0 定义成 σ_h'/σ_v'。一维压缩时在 $q'-p'$ 和 $v-p'$ 坐标面内的应力路径 ABC 如图 6.6 所示,q' 与 p' 之间的比为

$$\frac{q'}{p'}=\frac{3(\sigma_v'-\sigma_h')}{\sigma_v'+2\sigma_h'}=\frac{3(1-K_0)}{1+2K_0} \tag{6.15}$$

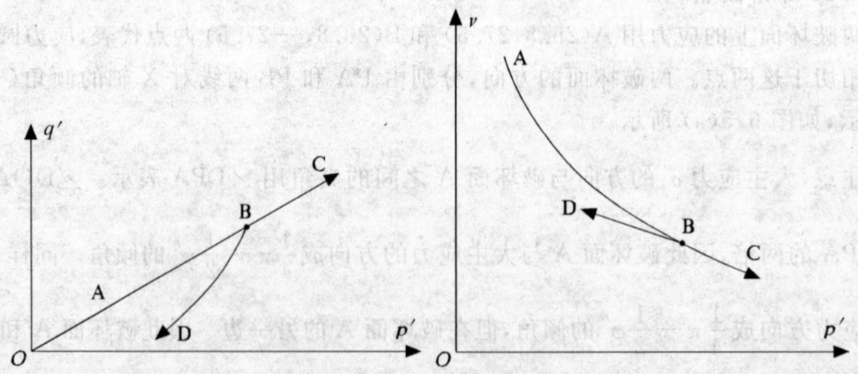

图 6.6　$q'-p'$ 和 $v-p'$ 坐标面上一维加荷和卸荷所走的路径

因此在加荷过程中土除了不断地在压缩外,还不断地剪切。加荷时试样沿 ABC 线移动,

而一旦从某点 B 开始一维卸荷，试样就顺 BD 路径走。用同样方法表示各向等压压缩时，正常固结线 ABC 将可能的物态（在 ABC 的下方和左方）和不可能的物态（在 ABC 的上方和右方）分开，因此 ABC 线必然是把可达到的物态和达不到的物态分开的物态边界面的一部分。

ABC线绘在 v-ln p' 坐标面上就可看出该线为直线，斜率为 λ，即 ABC 与正常固结线和临界物态线都平行。各向等压正常固结线，按定义切合于 $q'=0$，即 $q'/p'=0$ 条件下的压缩，而在临界物态线上 $q'/p'=M$。一维压缩相当于 $q'/p'=3(1-K_0)/(1+2K_0)$ 时的物态，即 q'/p' 值小于 M，而大于零。临界物态线在 Roscoe 物态边界面的一端，它能区分可达到的和达不到的物态，而各向等压正常固结线在另一端。结果一维固结线在 Roscoe 物态边界面上，位于临界物态线和各向等压固结线之间如图 6.7 所示。A 和 B 两点相当于试样从 A 到 B 连续受一维压缩的两种状态，比容相应的由 v_A 减小到 v_B。这两个 v 值的 Roscoe 面和等 v 截面表示在 q'-p' 坐标面内。

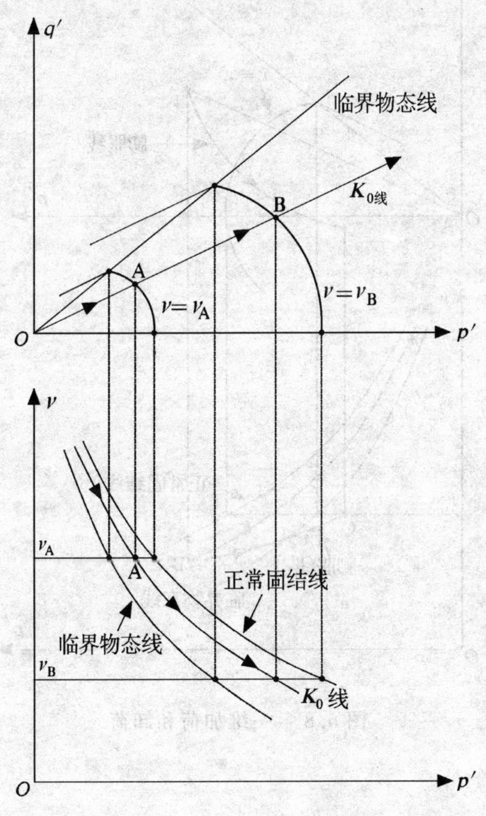

图 6.7　Roscoe 面上一维压缩曲线的位置

由此可见，剪切和压缩这两种现象有不可分割的联系。各向等压压缩恰恰是 q'/p' 为常数且为零的一种特殊剪切方法，而一维压缩是剪应变和体积应变间有一固定比值且 q'/p' 也是常数的一种特殊剪切方法。显然还有 q'/p' 为常数的、其他类型的压缩（或剪切），各种方法和各种固定比值 q'/p'，在 Roscoe 面上有一条路径，该路径在 v-ln p' 坐标面内产生的投影，是斜率为 $-\lambda$ 的直线，且位于各向等压固结线和临界物态线两投影之间。

剪切过程和压缩过程之间的区别也许仅仅是 Roscoe 面上路径的方向这一点。压缩过程

可以看做是 q'/p' 不变的过程，而剪切过程则是 q'/p' 随着试验进展而变化的过程。

讨论至此，涉及了一维加荷问题，一维加荷和卸荷时所走的路径(ABC)在图 6.8 中画出，在比容为 v_D 的点 C，试样会正好在物态边界面的 $v=v_D$，等 v 截面之内，该试样一定是超固结的。

此外应注意在地下的一维正常固结试样的剪切性状看来也是各向异性的。因此在图 6.9 中，受一维压缩到点 A 的试样，随着 q' 的增大受不排水加荷，就能在承受比较小的附加偏应力值($q'_B-q'_A$)以后，在临界物态 B 点具有大的剪应变而产生破坏；相反，如果 q' 减小使试样受不排水加荷(AC 路径)，试样就应具有比较小的弹性应变，因为从 q' 值高(q'_A)的物态向 q' 值低(q'_C)的物态试样是在卸荷。

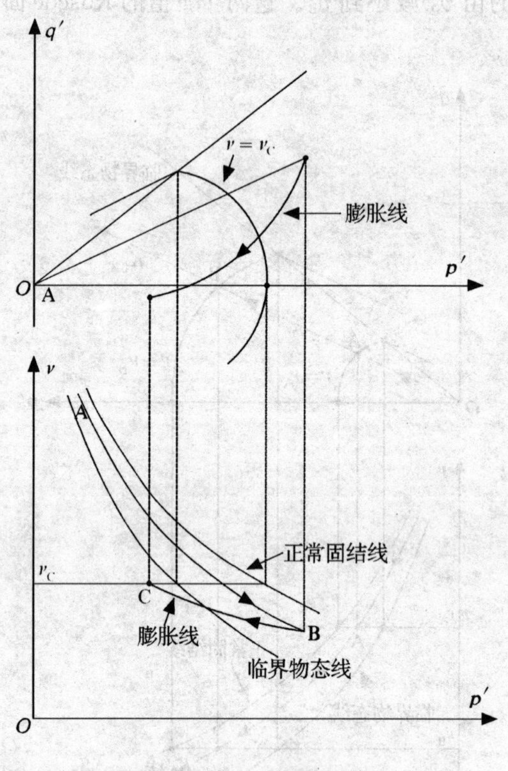

图 6.8　一维加荷和卸荷

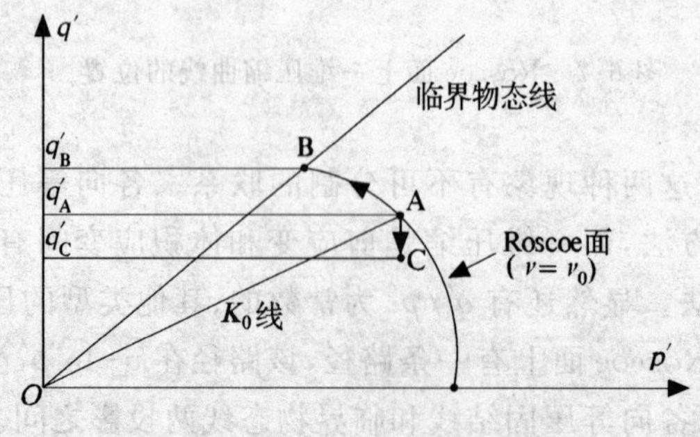

图 6.9　地面下的一维固结试样的性状

例 6.2　计算一维加荷和卸荷条件下的 q'/p'。

某黏土试样受一维加荷和卸荷，而相应的垂直有效应力(σ'_v)与水平有效应力(σ'_h)给定见表 6.2，试计算超固结试样比和各种 R_0 值下的 q'/p' 值。

表 6.2　某黏土的加载历史

σ'_v/kPa	0	320	160	80	40	20	10
σ'_h/kPa	0	205	135	86	57	39	24

R_0 值为超固结比，而 $q'/p'=3(1-K_0)/(1+2K_0)$，式中 $K_0=\sigma'_h/\sigma'_v$。算得 R_0，K_0 和 q'/p' 值见表 6.3。

表 6.3　计算后的数值表

σ'_v	0	320	160	80	40	20	10
R_0	—	1.0	2.0	4.0	16	46.0	32.0
K_0	—	0.64	0.86	1.08	1.43	1.95	2.4
q'/p'	—	0.474	0.154	−0.076	−0.334	−0.582	−0.724

6.3　不排水抗剪强度

测定黏土层抗剪强度的一个常用的方法就是取原状土试样用三轴仪做不排水压缩试验，尽管试验时往往也给试样施加一个室压力，但在试验中作(不排水)剪切这一操作之前不使试样在室压力下固结(即排水管路是关住的)。试验时常常不测孔隙压力，获得的唯一资料是破坏时的偏应力值。不排水剪强度通常表示成 C_u，$C_u=q'_f/2$ 是破坏时莫尔圆的半径，等于最大剪应力。上述所谓不排水剪法的最大优点在于不改变试样处于地下状态的比容，这样做的结果是所测得的试样的抗剪强度足以代表土在地下的抗剪强度。

试观察超固结比不同而比容 v_0 都一样的一些试样的不排水压缩的情况，这些试样都将在最大 q' 值下于临界物态上破坏(见图 6.10)。但是，因为所有的试样比容都是 v_0，而试验又是不排水的，故全部试样就一定在临界物态线上结束于一点 $v=v_0$。将 $v=v_0$ 代入临界物态线方程就能求得平均有效正应力 p'_u 的相应数值。

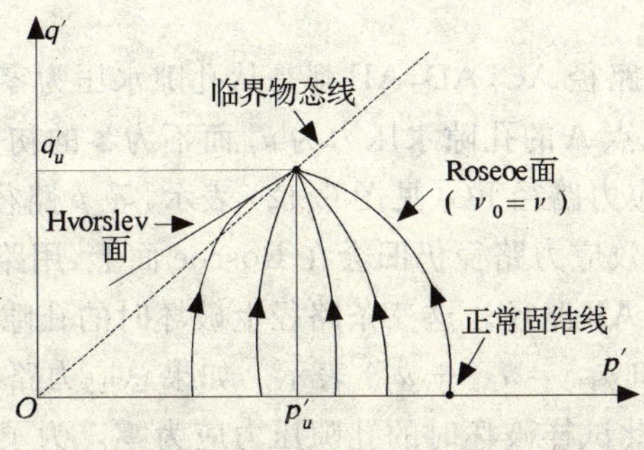

图 6.10　不排水试验的试样的有效应力路线

$$v_0 = \tau - \lambda \ln p'_u \tag{6.16}$$

因此

$$p'_u = \exp\left[(\tau - v_0)/\lambda\right] \tag{6.17}$$

于是所有试样的不排水剪强度 C_u 为

$$C_u = \frac{1}{2}q'_u = \frac{1}{2}Mp'_u = \frac{1}{2}M\exp\left[(\tau - v_0)/\lambda\right] \tag{6.18}$$

因此随着 v_0 增大，不排水抗剪强度 C_u 是指数关系减小的，但比容相同的所有试样，不论超固结比如何，C_u 是一个常数，换句话说，对于某一给定比容的试样，C_u 值是唯一的。

当且仅当室内试验试样破坏时的比容与土在地下的比容相同时，从地下取出的试样在试验室内测得的 C_u 值才会相应于土的原位不排水破坏条件，这是一条有用的重要的结论。

另外一条重要的结论就是试样在某一给定的比容 v_0 下压缩时，不排水抗剪强度既与试验时所走的总应力路径无关，又与破坏时的总应力的大小无关。这样一来，只要试样是正常固结到某一平均正应力 p'_A，孔隙压力为零，使自己处在图 6.11 的应力空间的点 A，则不排水试验之后，不管总应力路径在试验中走 AE 路径，还是走 AD 路径，试样都将在临界物态线上偏应力为 $q'_B(=2C_u)$ 的点 B 破坏。AC 路径相当于室压力保持不变的标准三轴压缩试验，而 AD 路径相当于一种特殊试验，在试验中调整所施加的应力使平均总正应力 p 保持不变。试样本身将沿有效应力路线 AB 走，使试样沿 Roscoe 面而上直至临界物态线。临界物态线（点 B）与总应力路径 AC，AD 之间的水平差距分别代表破坏时的孔隙压力 u_{AC} 与 u_{AD}。按图 6.11 的几何条件 u_{AC} 实际上大于 u_{AD}。同样，如果总应力路径走 AE 路径，破坏时的孔隙水压力 u_{AE} 应是负值，其大小用水平差距 BE 表示。

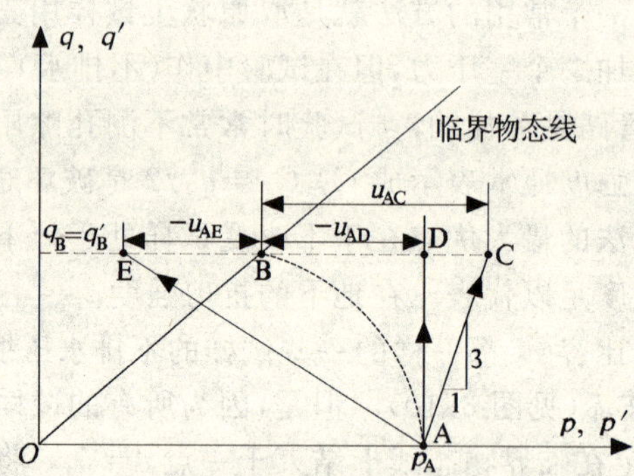

图 6.11　同一试样的不排水试验的总应力路径和有效应力路径

图 6.11 所示的三种试验路径 AC，AD，AE 都是从孔隙水压为零（即 $p'_A = p_A$）的初始条件点 A 出发，同一个试样可以从点 A 的孔隙水压力为 u_f 而不为零的初始条件出发走三条同样的路径。标准压缩试验就应由应力路径 FG（见图 6.12）表示，等 p 路径由 FH 表示，而第三条路径由 FI 表示。试样所走的有效应力路径仍旧会在 Roscoe 面上，用路径 AB 表示（见图 6.12），此 AB 即图 6.11 中的同一个 AB 路径。这三条路径上破坏时的孔隙水压力分别用差距 $u_{FG}(=u_{AG}+u_f)$，$u_{FH}(=u_{AD}+u_f)$ 和 $u_{FI}(=u_{AE}+u_f)$ 表示。如果总应力路径 FI 的斜率略加改变，点 I 就能与临界物态点 B 重合，此试样破坏时的孔隙压力应为零。为了方便起见，上述讨论是针对正常固结试验推导的，同样一些论点可以等效地应用于同条件的超固结试样的一系列试验，

不管总应力路径怎样施加，试样所走的有效应力路径都是相同的，但是破坏时的孔隙压力则应取决于所施加的总应力。

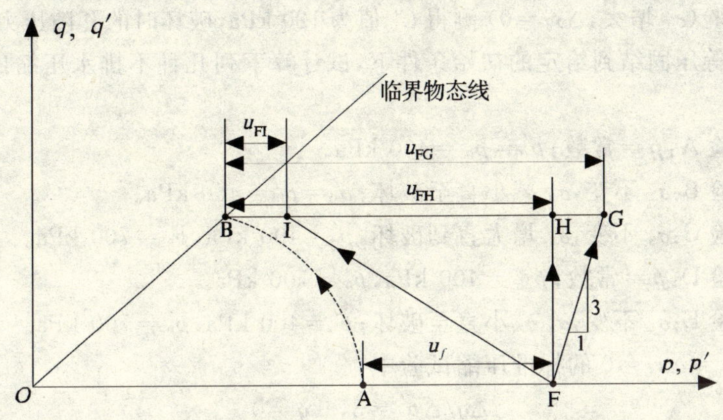

图 6.12　同一试样的不排水试验的总应力路线和有效应力路径

图 6.11 和图 6.12 中试验的破坏状态，也能用总应力和有效应力两种方式表示莫尔圆上(见图 6.13) 对于 AC 到 AI 的六条不同的总应力路径，在破坏时有效应力是相同的，因此有效应力状态就可以只用一个有效应力莫尔圆 B 表示。对于六条总应力路径破坏时的总应力各不相同，但因为破坏时的偏应力，所有的试样都是一样的，所以全部总应力圆的半径相同。因此相应于六条总应力路径 AC 到 AI 的总应力圆 C 到 I，就是从这一个有效应力圆由水平地移动不同的距离，此距离决定于破坏时孔隙压力的大小和符号。这样就总应力而论，可以认为水平(即$\varphi_u=0$) 莫尔-库伦包络线就是不排水抗剪强度 C_u 所表示的凝聚力。但是，一定要注意强度参数 $\varphi_u=0$ 和 C_u 仅仅相应于破坏时的比容相同的试样。

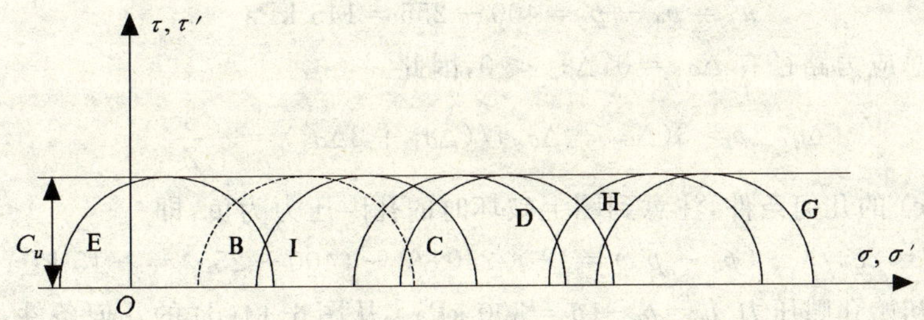

图 6.13　应力路径为图 6.11 和 6.12 所示的试样破坏时的莫尔应力圆

当然，假如试样在破坏前可以压缩，破坏时的比容就会小于初始比容，在临界物态下相应的 q' 和 p' 值就会大些，因此有效应力莫尔圆也会大些。此时，不排水剪强度就不再是原有数值了。

用总应力法研究饱和土的不排水强度在土力学实践中是常用的一种方法。土的强度仍取决于有效应力，但这时的有效应力受制于土保持常体积这一要求，在不排水强度和不排水弹性应变两种情况下，总应力法只适用于土是饱和不排水，从而体积应变为零的条件。其他一切情况下，总应力分析不适用，必须用有效应力法进行计算。

例 6.3 计算各不同总应力路径的不排水试验中破坏时的孔隙压力。

某黏土试样正常各向等压固结到 $p'=400$ kPa,同时 $p=400$ kPa(即 $u=0$),然后做标准不排水三轴压缩试验(σ_1 增大,$\Delta\sigma_3=0$)测得 C_u 值为 120 kPa,破坏时的孔隙压力 u_f 为 225 kPa,在试样正常各向等压固结到给定的初始条件下,试计算下列几种不排水压缩试验破坏时的孔隙压力:

(1) 压缩试验 A:$p=$常数;$p'_0=p_0=400$ kPa。

(2) 压缩试验 B:σ_1 不变,σ_3 减小直至破坏;$p'_0=p_0=400$ kPa。

(3) 压缩试验 C:σ_3 不变,σ_1 增大直到破坏,$p'_0=400$ kPa,$p_0=700$ kPa。

(4) 压缩试验 D:$p=$常数;$p'_0=400$ kPa,$p_0=700$ kPa。

(5) 压缩试验 E:σ_1 不变,σ_3 减小直至破坏;$p'_0=400$ kPa,$p_0=700$ kPa。

解 在 $\Delta\sigma_2=\Delta\sigma_3=0$ 的标准压缩试验中

$$\Delta q/\Delta p'=3,\quad q=0$$

$$p_f=p_0+\frac{1}{3}q_f$$

本试验中

$$p'_f=2C_u=240 \text{ kPa}$$

由图 6.14(a) 的几何条件

$$(p_o-p'_f)+\frac{1}{3}q'_f=u_f$$

或
$$p'_f=400+240/3-225=255 \text{ kPa}$$

所有试验都是正常各向等压固结到 $p'_p=400$ kPa,均属不排水加荷,即 $\Delta u=0$,因此全部试样压缩时一定在临界物态线上同一点处破坏,$q'_f=240$ kPa,$p'_f=255$ kPa。

(1) 试验 A:总应力路径有 $p=$常数,因此,从图 6.14(b) 的几何条件出发得

$$u_f=p_0-p'_f=400-255=145 \text{ kPa}$$

(2) 试验 B:总应力路径有 $\Delta\sigma_1=0$,$\Delta\sigma_3<0$,因此

$$\Delta q/\Delta p=3(\Delta\sigma_1-\Delta\sigma_3)/(\Delta\sigma_1+2\Delta\sigma_3)=-\frac{3}{2}$$

因此,从图 6.14(c) 的几何条件,注意到图上破坏时的孔隙压力为负,即

$$-U_f=2q'_f/3-(p_0-p'_f)=(2\times 240)/3-(400-255)=-15 \text{ kPa}$$

(3) 试验 C:初始孔隙压力 $u_0=p_0-p'_0=300$ kPa。从图 6.14(d) 的几何条件,注意在标准压缩试验中 $\Delta q/\Delta p=3$。

$$u_f=(p_0-p'_f)+\frac{1}{3}q'_f=(700-255)+240/3=525 \text{ kPa}$$

(4) 试验 D:初始孔隙压力 $u_0=300$ kPa,$\Delta p=0$,从图 6.14(e) 的几何条件,得

$$u_f=p_0-p'_f=700-255=445 \text{ kPa}$$

(5) 试验 E:初始孔隙压力 $u_0=300$ kPa,从图 6.14(f) 的几何条件,注意和试验 B 一样,$\Delta q/\Delta p=-\frac{3}{2}$。

$$u_f=(p'_0-p'_f)-\frac{2}{3}q'_f=(700-255)-(2\times 240)/3=285 \text{ kPa}$$

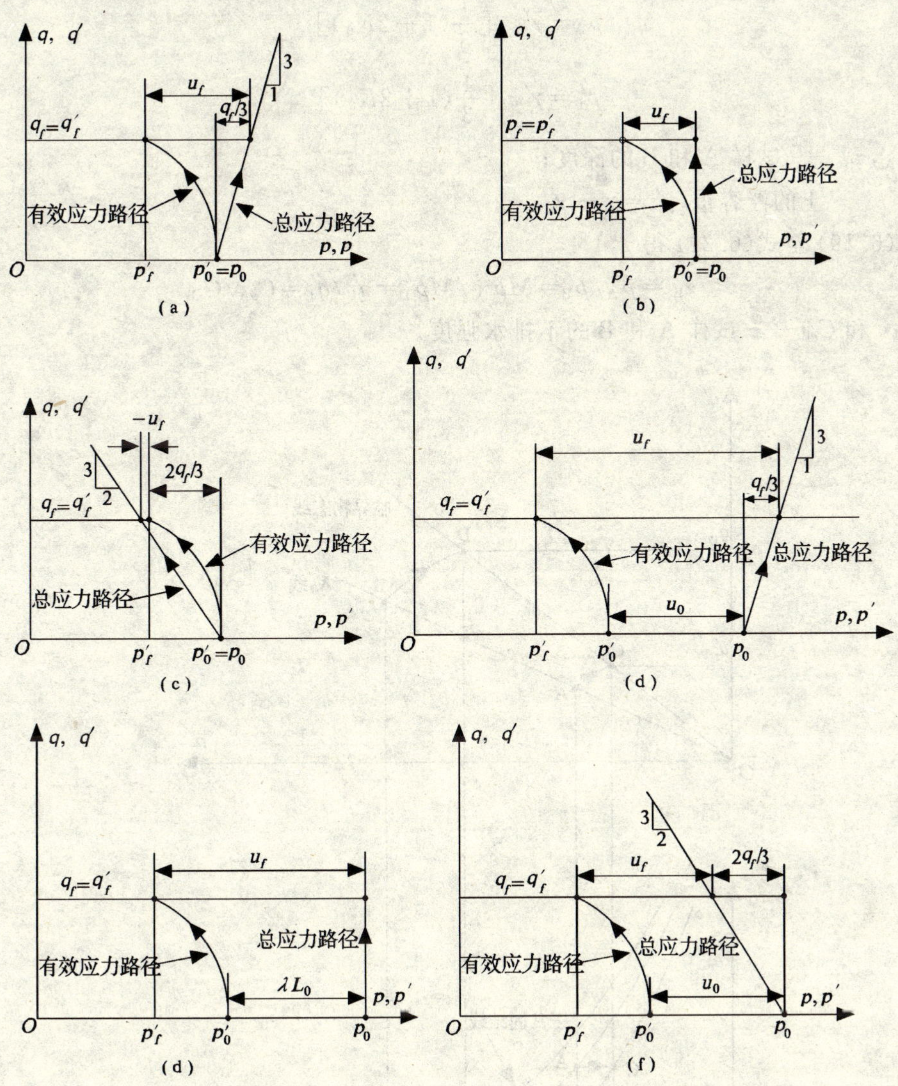

图 6.14　不同总应力路径的不排水试验中破坏时的孔隙压力计算

6.4　不排水强度 C_u 随深度的变化

观察两个黏土试样，一个取自地面附近，而另一个在深处，两试样在逐层沉积时一定受过一维压缩，因此在图 6.15 的 K_0 固结线上就会分别处于 A 和 B 两点。如果试样做不排水试验，使之在比容与其在地层内的比容相同的条件下破坏，试样一定会走图 6.15 所示试验路径，并在临界物态线上的点 C 和 D 破坏。各试样将沿 Roscoe 物态边界面的适当截面从 K_0 线走向临界物态线。因此 AC 和 BD 两条路径几何相似，但尺寸不同。特别是

$$p'_C/p'_A=p'_D/p'_B \tag{6.19}$$

地层内的有效平均正应力 p'_A，p'_B可以写成

$$p'_A=\gamma' z_A[\frac{1}{3}(1+2K_0)] \tag{6.20}$$

$$p'_B=\gamma' z_B[\frac{1}{3}(1+2K_0)] \tag{6.21}$$

式中　z_A,z_B—— 试样 A 和 B 的深度；

γ'—— 土的浮容重，$\gamma'=\gamma-\gamma_w$。

由式(6.19)至式(6.21)得

$$z_A/z_B=p'_A/p'_B=Mp'_C/Mp'_D=q'_C/q'_D=C_{uA}/C_{uB} \tag{6.22}$$

式中　C_{uA} 和 C_{uB}—— 试样 A 和 B 的不排水强度。

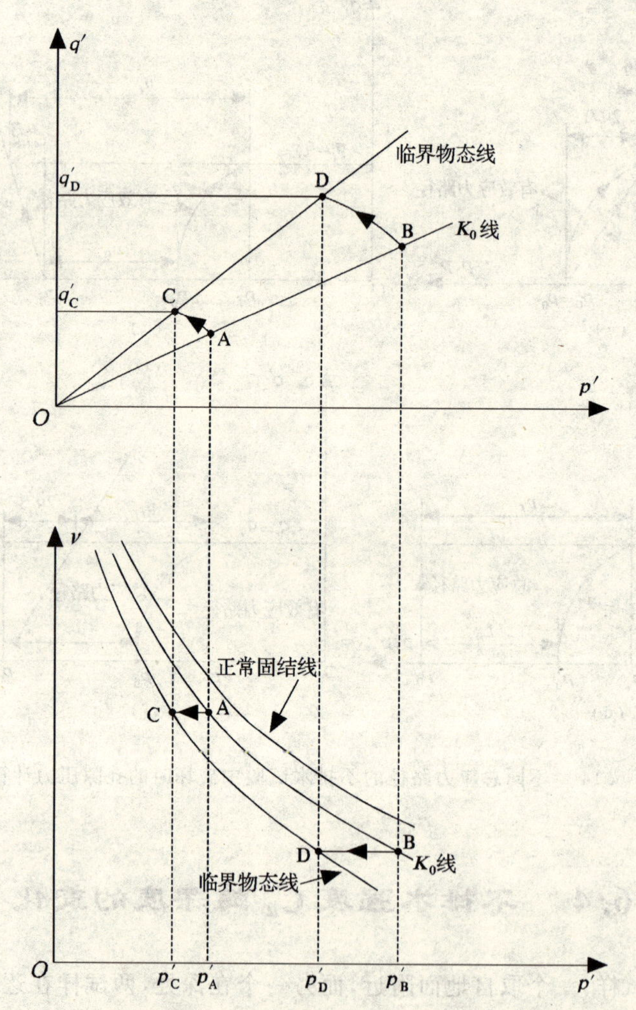

图 6.15　正常固结黏土层中浅层试样(A)和深层试样的不排水(B)的不排水试验在 $q'-p'$ 和 $v-p'$ 坐标面上的试验路径

因此正常固结黏土的不排水抗剪强度与其在地面以下的深度成正比。实际上，地下水位通常不在地面处，不排水抗剪强度 C_u 与有效垂直应力 σ'_v 之比(C_u/σ_v)对于任何特定黏土都是常数，用这种说法来表达上述结论更为便利，但是该常数值对于不同的黏土是不同的，

Skempton(1957 年) 建立于正常固结黏土 C_u/σ'_v值与塑性指数 I_P 之间的如下关系如图 6.16 所示。

$$C_u/\sigma'_v=0.11+0.0037\ I_P \tag{6.23}$$

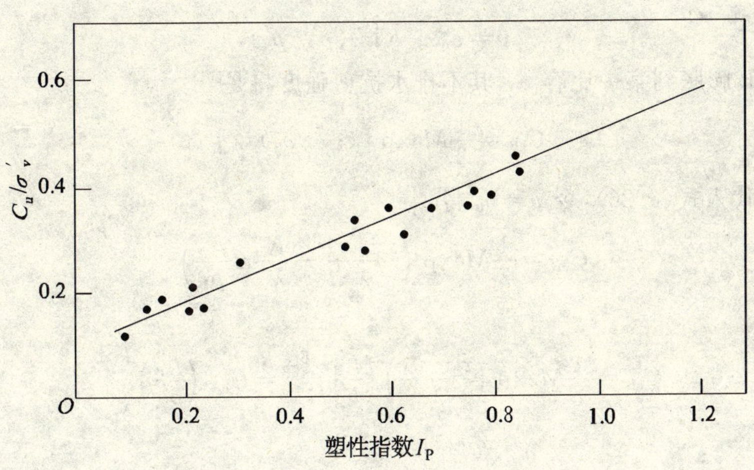

图 6.16　C_u/σ'_v与塑性指数的关系

超固结黏土的强度随深度的变化不如正常固结土那样简单明了，黏土一维膨胀时在 v-p' 和 q'-p' 坐标面内走的应力路径如图 6.17 所示。静止土压系数 K_0 在膨胀过程中变化，从正常固结时的数值(近似地表示成 $K_0\approx 1-\sin\varphi'$) 到强超固结时大于 1 的值。

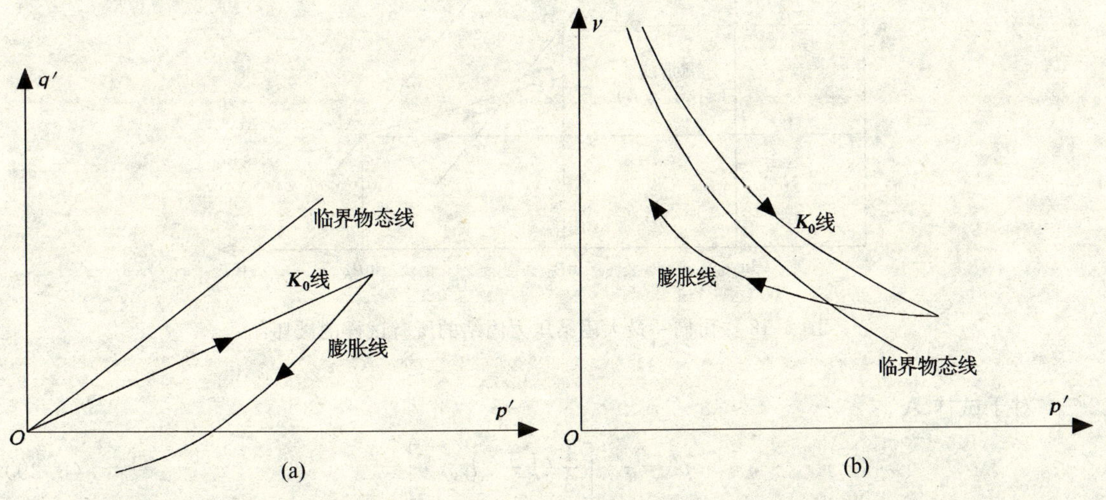

图 6.17　黏土的一维膨胀

现观察两个试样 A 和 B，都一维压缩到某一有效平均正应力 p'_A，但使试样 B 一维膨胀到 p'_B(见图 6.18)，不排水试验临界物态线上的破坏状态分别用 C 和 D 点表示，超固结试样 B 在临界物态线上于某一低的 p' 值(和某一高的 v 值) 下破坏，因此其不排水抗剪强度就会小于正常固结试样 A 之值。试样 A 于临界物态线上在平均有效正应力 p'_C的情况下破坏，其不排水抗剪强度 C_{uA} 为

$$C_{uA}=\frac{1}{2}Mp'_{c}=\frac{1}{2}M\exp\left[(\tau-v_{A})/\lambda\right] \tag{6.24}$$

式中已经考虑比容 $v_C=(v_A)$ 与临界物态线上点 C 的 p'_C 的关系。膨胀线 BA 通过点 A，具有下列方程：

$$v=v_A+K\ln\left(p'_A/p'\right) \tag{6.25}$$

如果允许试样 B 膨胀到某一比容 v_B，其不排水抗剪强度将是

$$C_{uB}=\frac{1}{2}M\exp\left[(\tau-v_B)/\lambda\right] \tag{6.26}$$

式(6.25) 可以代入式(6.26)，令 $v=v_B$ 得

$$C_{uB}=\frac{1}{2}M\exp\left(\frac{\tau-v_A}{\lambda}-\frac{K}{\lambda}\ln\frac{p'_A}{p'_B}\right) \tag{6.27}$$

或

$$C_{uB}=\frac{1}{2}M\exp\left(\frac{\tau-v_A}{\lambda}\right)\left(\frac{p'_B}{p'_A}\right)^{K/\lambda}=C_{uA}\left(\frac{p'_B}{p'_A}\right)^{K/\lambda} \tag{6.28}$$

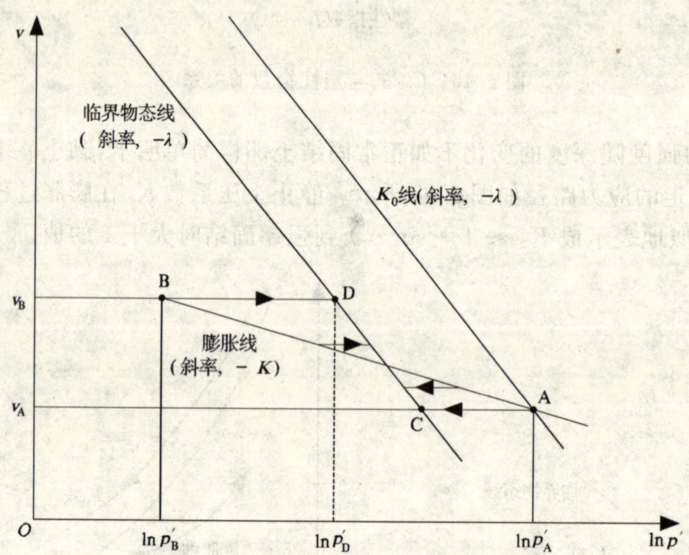

图 6.18　由同一最大固结压力固结的所有试样的破坏

对于试样 A

$$p'_A=\sigma'_{vA}\left[\frac{1}{3}(1+2K_{0A})\right] \tag{6.29}$$

式中　K_{0A}—— 试样 A 的 K_0 值；

σ'_{vA}—— 试样 A 的垂直有效应力。

同样，对于试样 B

$$p'_B=\sigma'_{vB}\left[\frac{1}{3}(1+2K_{0B})\right] \tag{6.30}$$

超固结试样 B 的 K_0 值 K_{0B} 当然会不同于正常固结试样 A 的 K_0 值 K_{0A}，使用式(6.29) 和式(6.30)，式(6.28) 就可写成

$$\frac{C_{uB}}{C_{uA}}=\left(\frac{\sigma'_{vB}}{\sigma'_{vA}}\frac{1+2K_{0B}}{1+2K_{0A}}\right)^{\frac{K}{\lambda}} \tag{6.31}$$

$\frac{K}{\lambda}$ 的典型数值为 0.25，而 K_0 变化范围可能在正常固结黏土 $K_{0A}=0.5$ 和十分强超固结黏土 $K_{0B}=2.5$ 之间，于是代入上述数值，$\sigma'_{vA}/\sigma'_{vB}$ 为 32 时，求得 C_{uB}/C_{uA} 约为 $\frac{1}{2}$。这样，垂直有效应力大大降低，而 C_u 变化比较小。

应当注意黏土为弱超固结时式(6.31)是可信的，但是随着超固结比增大该式逐渐变得不太可信。因为极强超固结的试样状态达到 Hvorslev 面上，会出现变形不均匀的趋势。

例 6.5　计算超固结黏土层中 C_u 随深度的变化。

由于侵蚀作用，黏土地层的现有顶面在沉积层的原始表面以下 700 m，黏土塑性指数 $I_P=34$，$\lambda=0.2$，$K=0.05$，K_0 和超固结比之间的关系列于表 6.4，同时绘于图 6.19(a)，可以假定地下水位始终与沉积层表面一致。试估算现存的黏土层上 200 m 以内 C_u 随深度的变化。

表 6.4　系数值列表

R_0	1	2	4	8	16	32
K_0	0.64	0.86	1.08	1.43	1.95	2.40

解　假定黏土全部层次都存在时，从上到下整个深度内地层是正常固结的。由式(6.23)有

$$C_u/\sigma'_v=0.11+0.0037\ I_P=0.11+0.0037\times 34=0.236$$

原来，此沉积层内 C_u 应随深度呈线性变化，σ'_v 就应表示为

$$\sigma'_v=(\gamma-\gamma_w)Z$$

式中　Z—— 地面以下深度。

因此，在原来 900 m 深处(现在深 200 m)

$$C_u=0.236\times 10\times 900=2\ 124\ \text{kPa}$$

(原始的)强度随深度的变化如图 6.19(b)所示。

黏土在膨胀到现有垂直有效应力以后的强度可以用式(6.31)求得

$$\frac{\sigma_{uB}}{\sigma_{uA}}=\left(\frac{\sigma'_{vB}}{\sigma'_{vA}}\frac{1+2K_{0B}}{1+2K_{0A}}\right)^{K/\lambda}$$

在现深 200 m 处，现时垂直有效应力与最大垂直有效应力之比为

$$\frac{\sigma'_{vB}}{\sigma'_{vA}}=\frac{(\gamma-\gamma w)Z_B}{(\gamma-\gamma w)Z_A}=\frac{200}{900}=\frac{1}{4.5}$$

即 $R_0=4.5$。这样，从图 6.19(a)，$K_0=1.15$。图 6.19(a)也给出了正常固结时的 K_0 值，K_{0A} 为 0.64，故得出现在深 200 m 处的 C_u 值 C_{uB} 为

$$C_{uB}=2124\left(\frac{1}{4.5}\frac{1+2\times 1.15}{1+2\times 0.64}\right)^{0.05/0.20}$$

$$C_{uB}=1\ 598\ \text{kPa}$$

地层内不同深度的同类计算结果示于表 6.5 和图 6.19(b)。

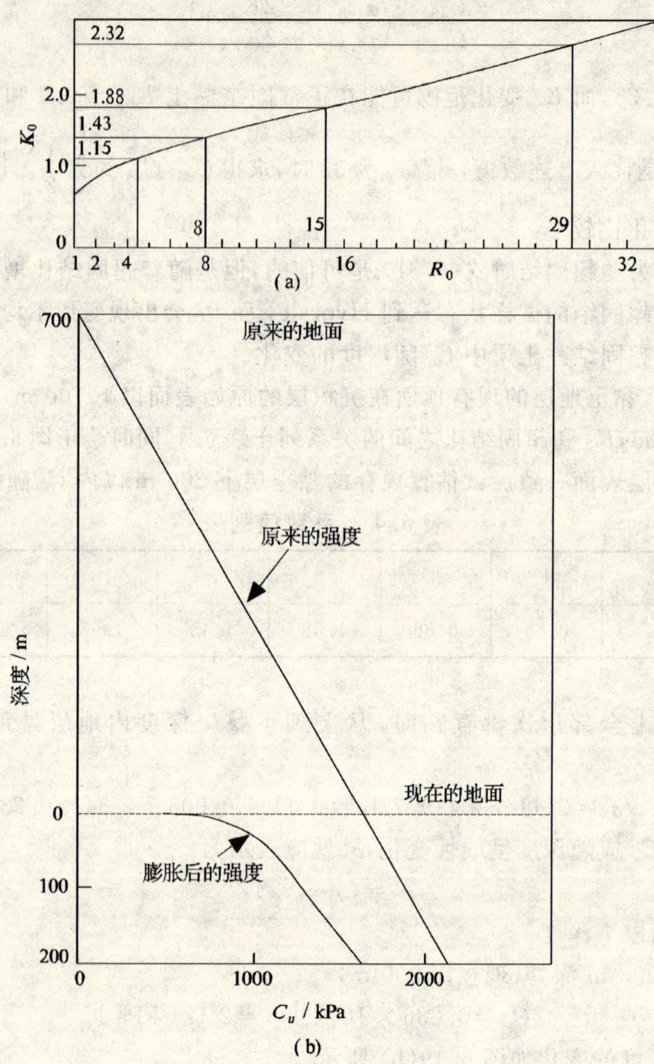

图 6.19 超固结黏土层中 C_u 随深度的变化算例

表 6.5 计算结果列表

现深度 /m	200	100	50	25
R_0	4.5	8	15	29
K_{OB}	0.15	1.43	1.88	2.72
原有 C_u 值 C_{uA}/kPa	2.24	1 880	1 769	1 710
现有 C_u 值 C_{uB}/kPa	1 598	1 279	1 080	92

6.5　流塑性试验的说明

液限试验和塑限试验都决定土的临界物态线上的点，不止是提供纯粹定性的资料。

在液限试验里，土经过反复重塑之后放在液限仪盛土碟中（见图 6.20(a)）或圆锥贯入试验仪的盛土器内（见图 6.20(b)），两种试验方法的实质都是调整含水量（即比容）一直到土具有由这两种试验的特殊条件所决定的某一确定的不排水抗剪强度为止。

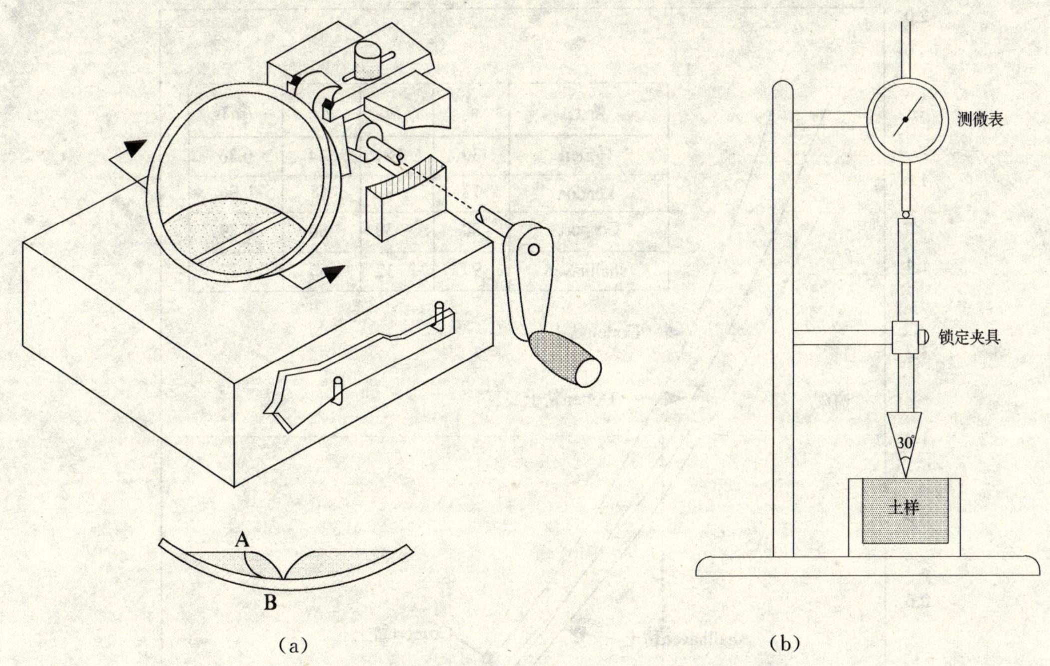

(a)　　　　　(b)

图 6.20　液限仪(Scott，1963 年）和圆锥仪

在液限仪内，土饼内小槽的坡度由于盛土碟子在橡皮底坐上撞击 25 次后沿滑动面 AB 产生破坏时，即定义出不排水抗剪强度。在圆锥贯入仪内，圆锥由于自重在 5 s 内沉入黏土 20 mm 而引起承压破坏时，即定义出不排水抗剪强度。这两种试验方案之所以如此安排，为的是使两种情况下土的不排水抗剪强度相同。

因为土经过反复重塑调制到合适的含水量，所以土处于由负孔隙压力值决定的某一平均有效正应力下的临界状态。

同样，在塑限试验时，土也经过反复重塑，再度处于某种临界状态条件。但是现在土干得多，因此孔隙水压力更会是负值，土上的有效应力相应地一定更高。在塑限试验中土的断碎现象使人联想到混凝土圆柱劈裂试验上的拉伸破坏。塑限试样是否像液限试验一样需要由黏土承受某一标准不排水抗剪强度，弄清这一事实是有意义的。

人们已经将土样的液性指数定义为

$$I_L = \frac{w - w_P}{w_L - w_P} \tag{6.32}$$

式中　w—— 试样的含水量；

w_L, w_P—— 液限和塑限。

Skempton 和 Northey(1953 年)将四个土的抗剪强度资料对 I_L 作图(见图 6.21),在塑限和液限下四个土的抗剪强度都很类似。注意,塑限下的抗剪强度差不多正好是液限下的抗剪强度的 100 倍。对于任何黏土,就能写出

$$100q'w_L = q'w_P \tag{6.33}$$

令式(6.33)$q' = Mp'$ 得

$$100p'w_L = p'w_P \tag{6.34}$$

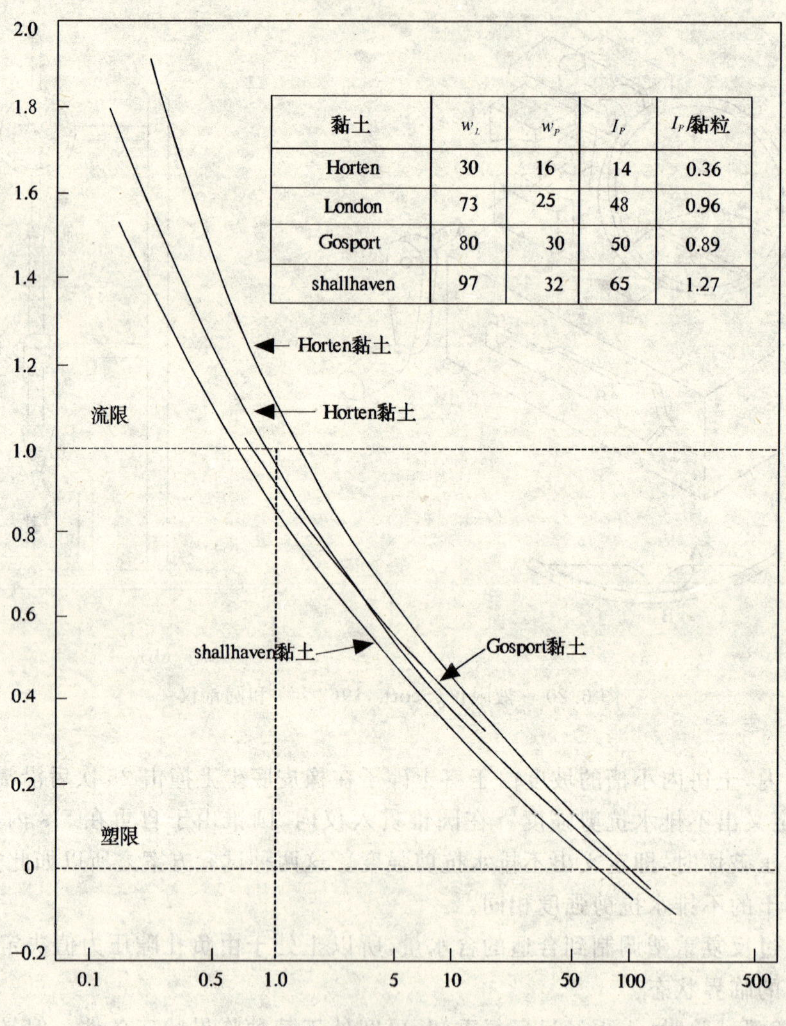

黏土	w_L	w_P	I_P	I_P/黏粒
Horten	30	16	14	0.36
London	73	25	48	0.96
Gosport	80	30	50	0.89
shallhaven	97	32	65	1.27

图 6.21　抗剪强度与流性指数的关系

于是就有某种办法定出 $v-p'$ 坐标面内临界物态线的位置(见图 6.22),使用临界物态线方程,对于液限

$$v_{w_L} = \tau - \lambda \ln p'w_L \tag{6.35}$$

而对于塑限

$$v_{w_P} = \tau - \lambda \ln p'w_P \tag{6.36}$$

式(6.35) 减式(6.36) 得

$$v_{w_L} - v_{w_p} = \lambda \ln(p'_{w_L}/p'_{w_L}) = \lambda \ln 100 \tag{6.37}$$

考虑到 $v-1=wG_s$,式中 G_s 是土粒比重,式(6.37) 可改写为

$$v_{w_L} - v_{w_P} = (\lambda/G_s)\ln 100 \tag{6.38}$$

因为含水量 w 通常用小数表示,而液限和塑限通常用百分数表示为

$$w_L - w_P = I_P/100 \tag{6.39}$$

这样,在 v-$\ln p'$ 坐标面上临界物态线和正常固结线的斜率 λ 为

$$\lambda = (G_s I_P)/461 \tag{6.40}$$

对于大多数土,$G_s \approx 2.7$,因此大体有

$$\lambda = I_P/171 \tag{6.41}$$

因此,土的塑性指数为正常固结时土的压缩性提供了一种直接量度法。

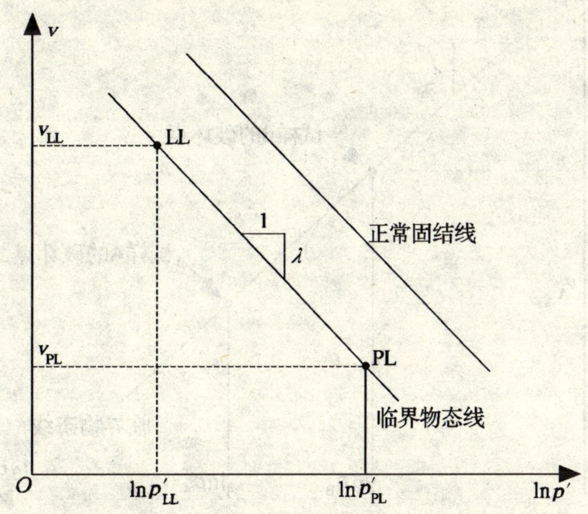

图 6.22　v-$\ln p'$ 坐标面上临界物态线的位置

例 6.6　计算含水量变化对 C_u 的影响。

某黏土试样(试样 A) 含水量 $w_A=0.39$,不排水抗剪度 $C_{uA}=120$ kPa。黏土的塑性指数为 34,土粒比重 $G_s=2.70$。试估算黏土试样(试样 B) 在含水量 $w_B=0.41$时的不排水抗剪强度。

解　由式(6.41)

$$\lambda = I_P/171 = 34/171 = 0.20$$

因为

$$v-1=wG_s$$

所以试样 A 的比容 v_A 为

$$v_A = 1 + 0.39 \times 2.70 = 2.053$$

试样 B 的比容 v_B 为

$$v_B = 1 + 0.41 \times 2.70 = 2.107$$

而试样在临界物态线上破坏,如图 6.22 所示。

试样 A 破坏时

$$C_{uA} = \frac{1}{2}q'_A = \frac{1}{2}Mp'_A = 120 \text{ kPa}$$

试样 B 破坏时

$$C_{uB}=1/2q'_B=\frac{1}{2}Mp'_B$$

因此

$$C_{uA}/C_{uB}=p'_A/p'_B=120/C_{uB}$$

由图 6.22 的几何条件得

$$v_B-v_A=\lambda(\ln p'_A-\ln p'_B)$$

或

$$p'_A/p'_B=\exp[(v_B-v_A)/\lambda]=\exp[(2.107-2.053)/0.20]=1.31$$

将此值代替 p'_A/p'_B 得

$$p'_A/p'_B=1.31=120/C_{uB}$$

$$C_{uB}=91.6\ \text{kPa}$$

含水量变化对 C_u 的影响如图 6.23 所示。

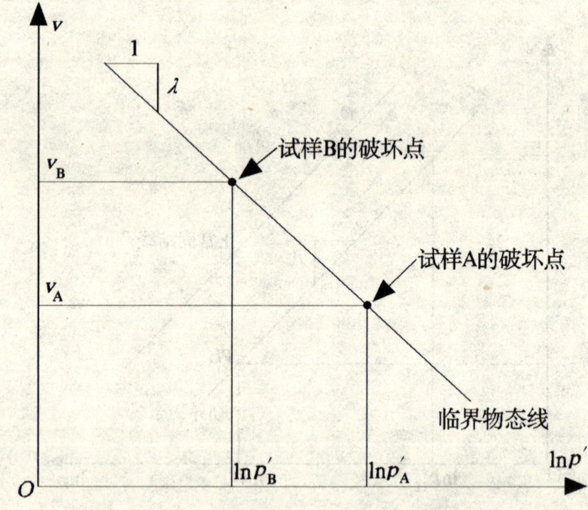

图 6.23 含水量变化对 C_u 的影响

6.6 小 结

(1) 莫尔-库伦强度标准

$$\tau'=c'+\sigma'\tan\varphi'$$

(2) 剪切和压缩并不是截然分开的，它们是同一现象的两个不同侧面。

(3) 用三轴压缩试验测得的不排水抗剪强度与所施加的总应力路径无关，但破坏时的孔隙压力受施加的总应力路径影响极大。

(4) 液限和塑限值可用以确定正常固结线和临界物态线的斜率 λ。

(5) 在短期稳定分析中，通常适合于采用土的强度参数 C_u 用总应力分析。

(6) 在长期稳定分析中，通常适合于采用土的强度参数 c'，φ' 用有效应力分析。

(7) 土内没有潜在的滑动面的情况，对长期稳定性的有效应力分析，选用相应于临界物态的强度参数 c'，φ' 是合理的。

第 7 章　工程地质问题与数值分析方法

7.1　工程地质问题

工程地质学是研究与人类工程建筑活动有关的地质问题的学科，是地质学的一个分支。工程地质学的主要目的是查明建设地区或建筑场地的地质条件，分析、预测和评价可能存在和发生的工程地质问题及其对建筑物和地质环境的影响和危害，提出防治不良地质现象的措施，为保证工程建设的合理规划，建筑物的正确设计、顺利施工和正常使用提供可靠的地质科学依据。

工程地质学的主要研究方法包括地质学方法、实验和测试方法、计算方法和模拟方法。其中，模拟方法可以分为物理模拟（也称工程地质力学模拟）和数值模拟，它们是在通过地质研究，深入认识地质原型，查明各种地质条件，以及通过实验研究获得有关参数的基础上，结合建筑物的实际作用，正确抽象出地质模型，利用相似材料或各种数学方法，再现和预测地质作用发生和发展过程。近年来，数值分析已经成为解决工程地质问题的重要手段。

目前，比较著名的国际性岩土工程软件 $FLAC^{2D}$，$FLAC^{3D}$，$UDEC^{2D}$，3DEC，PFC^{2D}，PFC^{3D}，2D－σ，3D－σ，DDA 等，它们已经被广泛地应用于煤炭、水工、铁道、国防等工程领域，取得了良好的效果。实践证明，每一种软件都不是万能的，都要根据具体的工程地质问题选择使用。

7.2　工程地质数值分析基本步序

7.2.1　明确研究目的

计算模型的复杂程度（网格的疏密、材料性质和本构模型）取决于研究目的。

7.2.2　工程地质条件的综合分析

工程地质条件是指在工程建设中，对工程建筑物的利用和改造有影响的地质因素的总称。在数值模拟之前，必须对研究对象进行详细的工程地质调查，掌握建筑场地的工程地质条件。

工程地质条件主要包括：

（1）地形地貌：如边坡工程的高度、坡度（坡角）、形状等。

（2）地层岩性：土质、岩质（岩浆岩、变质岩、沉积岩）等，决定地质体的变形破坏特征。

（3）地质构造与岩体结构：岩土体的层面、节理断层、片理等软弱面分布，与斜坡坡面倾斜关系，与硐室轴线的关系等。

（4）地下水条件：地下水的补给、径流、排泄，地下水埋深、静水压力、动水压力的作用等。

(5)地应力条件:地应力类型、大小、方位。

(6)地震作用:地震烈度、地震动参数。

7.2.3 工程地质模型的建立

工程地质模型的建立主要包括工程地质体的计算范围、工程地质体的属性分区、岩土体结构确定、地下水特征、地应力与地震作用等。

1. 工程地质体的计算范围

工程地质模型的建立,首先要确定工程地质体的计算范围,它主要取决于工程地质体的工程作用范围,如边坡工程、地下工程应考虑工程改造条件下岩土体内应力重分布的影响范围。同时还要考虑选用的计算软件对于计算单元的要求,以及人们对计算速度的忍耐程度。

2. 工程地质体的属性分区与参数确定

工程地质体属性分区以地层岩性为主要依据,不同的地层岩性划分为不同的属性分区,同时还要考虑断裂带、风化带等物理力学性质出现较大差异时的影响。当存在明显的结构面时,应在模型中考虑它的作用。

3. 岩土体结构类型确定

工程地质体的岩土体结构类型分为五类,即完整结构、块状结构、层状结构、碎裂结构和散体结构。根据工程地质条件和勘察测试的结果,综合确定所研究的工程地质体的岩土体结构类型,从而决定工程地质体是连续介质还是离散介质,以便选取合理的计算软件。

4. 地下水的特征

地下水是工程地质体变形破坏的重要影响因素,特别是水利水电的岸坡工程、软土地区的地基基础工程的模拟,在工程地质数值模拟中必须考虑它的作用。首先,分析工程地质体的地下水力学作用方式是静水压力还是动水压力,分析地下水在岩土体中的渗流规律,掌握地下水的作用范围。其次,综合分析地下水对岩土体的软化作用及其参数变化规律。最后,要正确将地下水的软化作用、水力学作用加到计算模型中。

5. 地应力与地震作用特征

地应力包括自重应力和构造应力,在工程地质模型中通常施加岩土体的自重应力作用。但在高地应力地区,往往要充分考虑构造应力的影响。工程实践表明,水平构造应力的作用十分显著,在工程地质模型中应充分研究水平构造应力随深度的分布规律,并施加于计算模型中。

7.2.4 计算模型建立与边界条件分析

1. 调试简单模型

在正式分析前,先构建一个简单等效模型进行计算,尽可能地获得对系统机理理解的信息,有助于进一步提高计算模型的构思;在投入精力从事有意义的分析之前,检查简单等效模型构思潜在的缺陷,进行参数测试,看边界条件是否合理,所选的材料模型能否合理描述材料特性等。

2. 构建理想模型

构建计算机模型所需要的主要参数:

(1)几何参数:边坡或地下硐室的几何尺寸、岩土体结构及组合关系、地表形态等。

(2)地质构造:断层、褶皱、优势节理及组合关系等。

(3)材料特性:弹性/塑性、峰后特性等。

(4)初始条件:原岩应力、地下水位、饱和状态等。

(5)荷载情况:地震荷载、爆破荷载、支护加固荷载等。

(6)调试模型:考虑计算时间、历史值记录、保存中间结果。

计算者详细了解研究对象所处的地质环境、工程背景、室内外试验结果等,从而对工程中可能存在的问题做出准确的判断。在此基础上,构建合理的计算模型,确定适用的本构模型和相应的计算参数,才有可能合理、准确地进行工程地质问题数值分析。

7.2.5　计算与分析

数值分析结果的可靠性往往取决于分析者对所研究问题的认识程度与工作经验。对于计算者,不仅需要深入工程现场,不断积累工程经验,更重要的是分析者在计算前必须对研究的问题要有充分的了解,这样才可能选取合理的计算参数、确定相适应的边界条件以及设计可行的计算方案。在此基础上,才能正确地分析和评价计算结果,并准确地应用于工程设计。

7.3　有限元的基本步骤与方法

7.3.1　有限元的基本步骤

有限元法求解问题的主要计算步骤如下:

1. 离散化

首先,应根据连续体的形状选择能描述连续体形状的单元。常见的单元有杆单元、梁单元、三角形单元、矩形单元、四边形单元、曲边四边形单元、四面体单元、六面体单元以及曲面六面体单元等。其次,进行单元划分,单元划分完毕后,要将全部单元和节点按一定顺序编号,每个单元所受的荷载均按静力等效原理移植到节点上,并在位移受约束的节点上根据实际情况设置约束条件。

2. 单元分析

所谓单元分析,就是建立各单元的节点位移和节点力之间的关系式。

3. 整体分析

整体分析是对各单元组成的整体进行分析。它的目的是建立起一个线性方程组,来揭示节点外荷载和节点位移的关系,从而用来求解节点位移。

7.3.2　有限元的基本方法

1. 建模基本原则

(1) 计算范围确定。数值分析处理问题通常是在有限的区域进行离散化。为了使离散后不产生大的误差,必须取足够大的计算范围。计算范围的确定方法如下:

1)理论分析和计算实践表明,当由于结构或工程开挖释放荷载作用于岩体某一部位时,对周围岩体的应力及位移将有明显影响的范围,大约是开挖或结构与岩体作用面的轮廓尺寸的 2.5～3 倍。在此范围之外,影响甚微,可忽略不计。

2)考虑到有限元离散误差和计算误差,为保证计算精度,计算范围应取不小于 3～4 倍的范围,如图 7.1 所示。

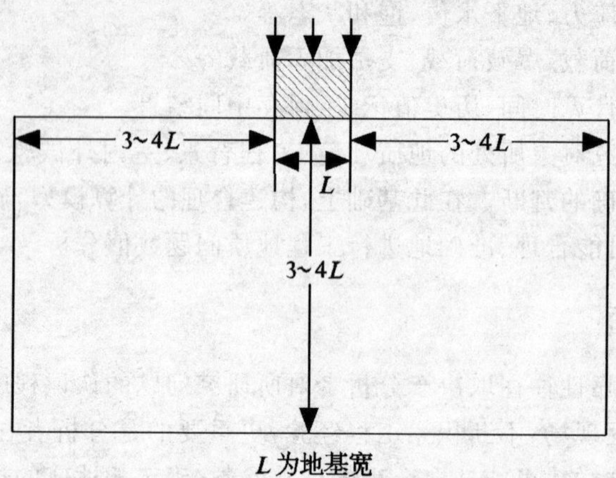

图 7.1　地基计算范围选取

3)如果地下硐室处于斜坡应力场中,则计算范围应扩大到整个边坡,如图 7.2、图 7.3 所示。

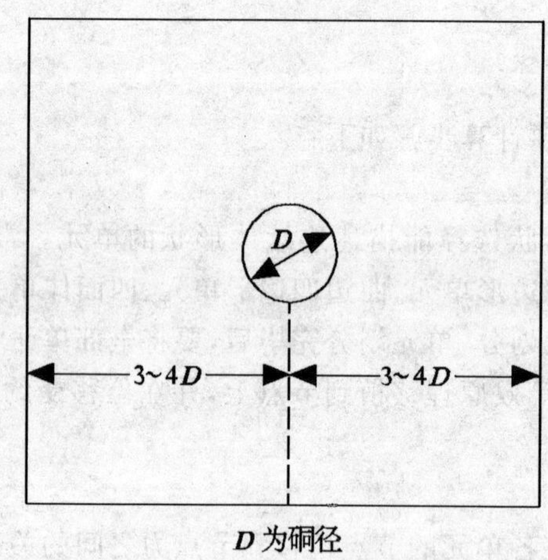

图 7.2　地下硐室计算范围选取

4)边坡应力场主要影响 1 倍坡高范围以内坡体的应力分布,因此,模型在河谷中的深度 AB 通常取 1 倍坡高,如图 7.3 所示。

(2)边界条件。在确定计算区域时,除了保证范围足够大外,还应使假定的边界条件尽可能接近真实状态,一般可采取两种方式:

1)在距离荷载作用部位足够远的边界处取位移为零,如图 7.4 所示。

2)假定外边界为受力边界(包括荷载为零的自由边界)。如图 7.3 所示中的 AD 边界为自由边界,DC 边界为荷载边界。无论采取何种边界形式(特别是约束边界),都可能与实际情况不完全一致,因而会产生误差。这种误差随计算区域的减小而增大,并且在靠近边界处比远离边界处的误差大,这种现象称为“边界效应”。

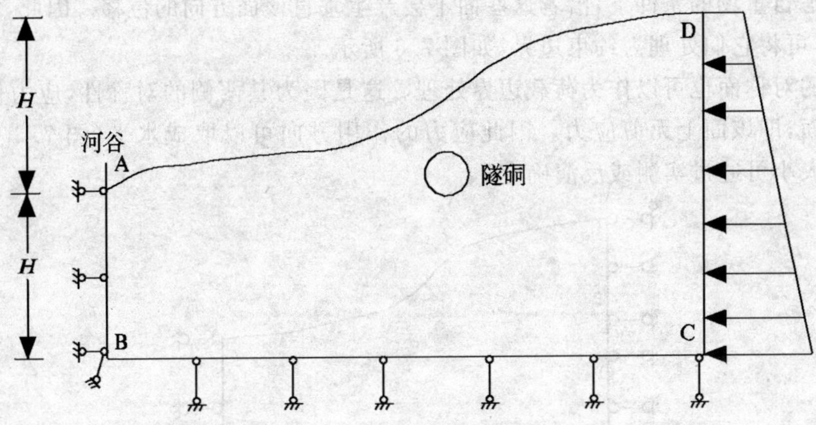

图 7.3　河谷边坡计算范围选取

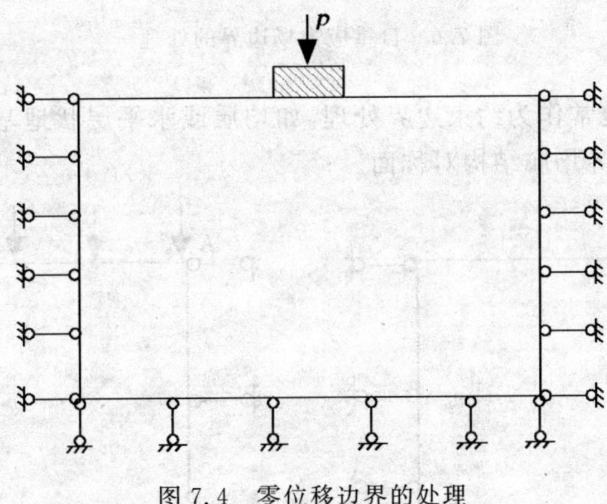

图 7.4　零位移边界的处理

为减少边界效应对计算结果的影响，在实际问题的处理中，通常：

1)将地形上的对称面取为边界，如山脊面、河谷纵剖面(均为地貌上的中性面)等，如图 7.5 所示。

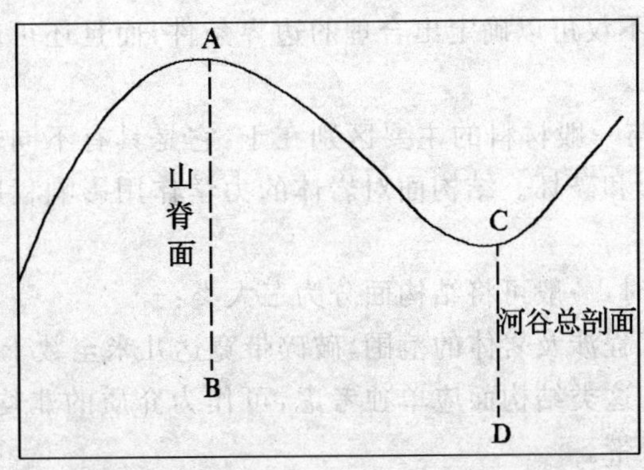

图 7.5　地形对称面边界的处理

在只考虑自重场的条件下，沿着这些面不会产生垂直该面方向的位移。因此，分析中若考虑自重场时，可将它们处理为约束边界，如图 7.6 所示。

地形上的对称面也可以作为荷载边界处理。这是因为其两侧的对称性，应力作用形式多为垂直于该面，即该面上无剪应力。因此应力的作用方向可以取成水平（图 7.3 中的 DC 边界），应力的大小可通过实测或反演确定。

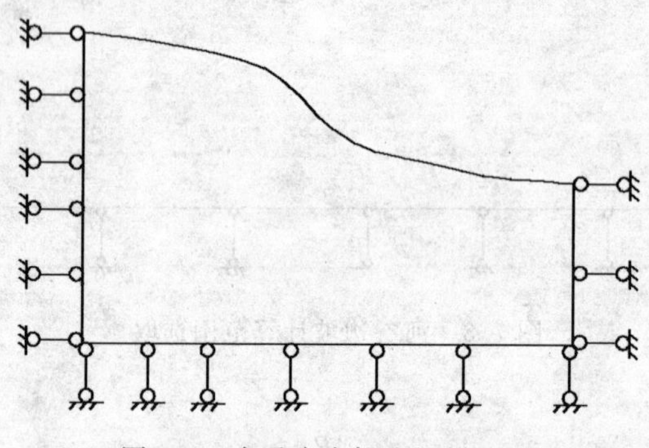

图 7.6　自重应力场边界的处理

2）工程结构对称面也常作为约束边界处理，如均质或水平层状地基或深埋隧硐等。如图 7.7 所示的 AB 和 CD 边界均属结构对称面。

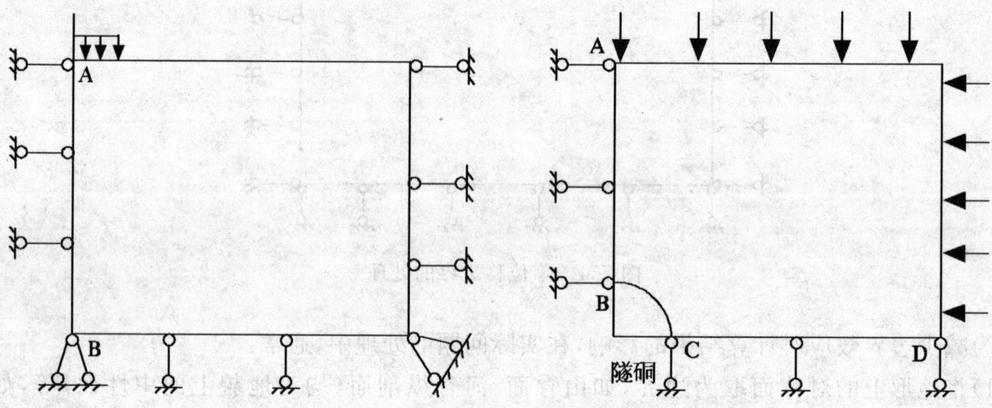

图 7.7　结构对称面的处理

充分利用这些对称面不仅可以确定出合理的边界条件，而且还可以大大地减少计算工作量，提高计算精度。

（3）岩体结构。岩体与一般材料的主要区别在于：它是具有不同规模及级次的地质结构面，它们控制着岩体的变形和破坏。结构面对岩体的力学作用影响程度与其规模及地质特征有关。

在进行岩体力学研究时，一般可将结构面分为三大类：

Ⅰ类：延伸长度超过工程涉及岩体的范围，破碎带宽达几米至数十米的断层或层间错动带等。当进行有限元分析时，这类结构面应单独考虑，可作为介质的非均质问题处理，将其视为强度低、变形性强的软弱岩带。

Ⅱ类：为延伸长度数十米、无破碎带的小断层、大节理及张开的层面等。因为其贯穿性好，力学效应也较为重要。当进行有限元分析时，可以采用一些特殊的"节理单元"来进行模拟。

Ⅲ类:规模小、数量多的节理面、层面等。有一组节理或层面形成的层状岩体,将层面间的岩体视为各向同性的等效连续体。

当岩体被多组节理切割时,可按似均质连续体考虑。但在计算时,将其力学参数相应地折减。

2. 模型离散化

离散化过程是通过节点将连续的区域划分成若干单元。单元的划分没有统一的模式和要求,通常与岩土体的形状、性质、结构、工程荷载的位置及大小、应力集中部位或工程重点关心部位、实际工程的施工过程、所研究区域的集合边界条件、所要求的计算精度以及计算机的运算速度和存储空间等因素有关。一般情况下,随着划分单元数目的增加,计算精度将逐步提高,但计算工作量和计算试件也随之增大。因此在划分单元网格时,不仅要考虑单元数目的多少,而且要考虑单元划分的合理性。

单元划分应遵循的原则:

(1)合理安排单元网格疏密分布。在边界比较曲折的部位,网格可以密一些,即单元要小一些,在边界比较平滑的部位,网格可疏一些,即单元可以大一些;在可能出现应力集中的部位和工程上特殊关心的部位,网格应密一些,对于应力和位移变化相对较小的部位,网格可以疏一些。相邻单元网格反差不宜过大,从大到小应具有过渡性。

(2)分阶段计算。为突出重要部位及满足计算精度要求,可以进行分阶段的计算,将第一阶段计算出的节点位移(或边界应力)作为第二阶段计算的边界条件。例如,对如图 7.8 所示的底下圆拱直墙硐室的开挖,由于在硐室周围应力集中程度较大,应加密单元。但如果过分加密单元,则将使离散化网格的节点数目大大增加。此时可采用分阶段计算的方法,首先将此硐室问题离散化为如图 7.8(a)所示的网格进行有限元计算。为了更准确地了解硐室周围围岩的应力及变形状态,可将硐室周围岩体 ABCDEF 部分取出,并对此部分进一步离散化为如图 7.8(b)所示的有限元网格。在第二阶段对图 7.8(b)网格的计算中,计算模型边界线 CDEF 上各节点的位移值已由第一阶段的计算求出,因而在第二阶段的计算中将其作为已知条件直接输入进行计算。通过第二阶段的计算即可得出硐室周围岩体充分精确的应力分布特征。

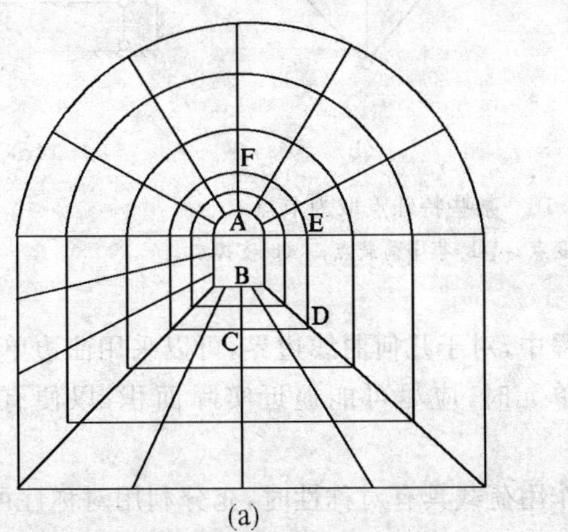

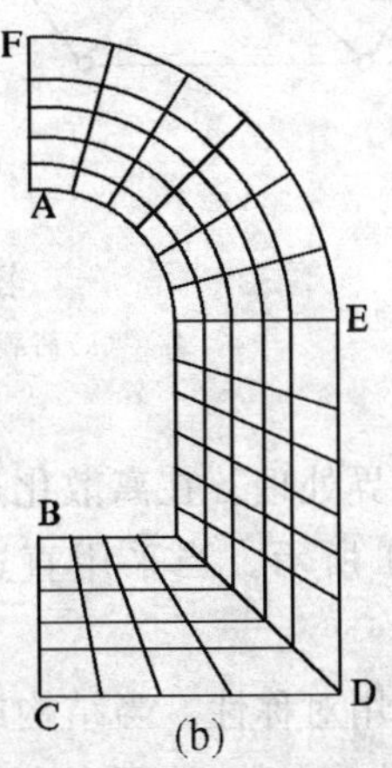

图 7.8　地下硐室分阶段计算

(a)第一阶段有限元离散网格;　(b)第二阶段离散元有限网格

(3)单元形状的合理性。在离散化过程中,单元应尽量规则。对于三角形单元以等边三角形为最好,应尽量避免出现大钝角(一般>120°)或小锐角(一般<15°)。锐角越小则误差越大。对于矩形单元,以正方形单元最为理想,相反,越是长条形的单元其误差越大。相邻单元间面积越接近则误差越小,相反,面积相差越悬殊则误差越大。因此对如图 7.9 所示的严重畸变单元均应尽量避免使用。

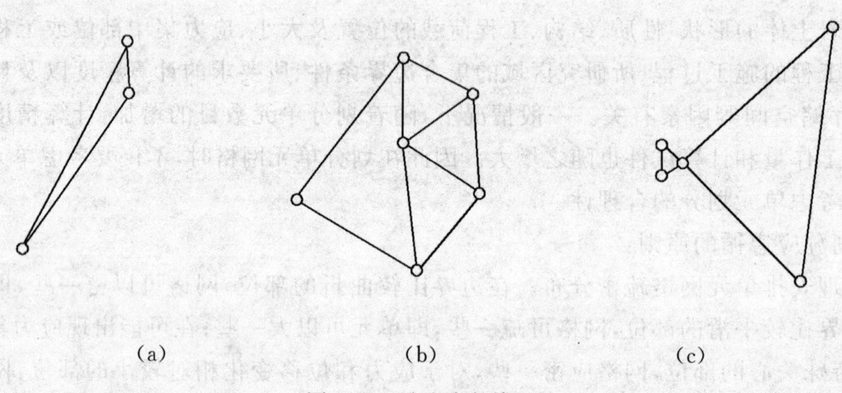

图 7.9　严重畸变单元

(4)特殊部位单元划分。当计算对象由两种或两种以上材料构成时,应以材料性质发生变化的不同材料界面作为单元的边界,即勿使这种界面处于同一单元内部。同时,应将某些特殊点,如集中荷载作用点、荷载突变点、支承点等取为单元的节点(见图 7.10)。

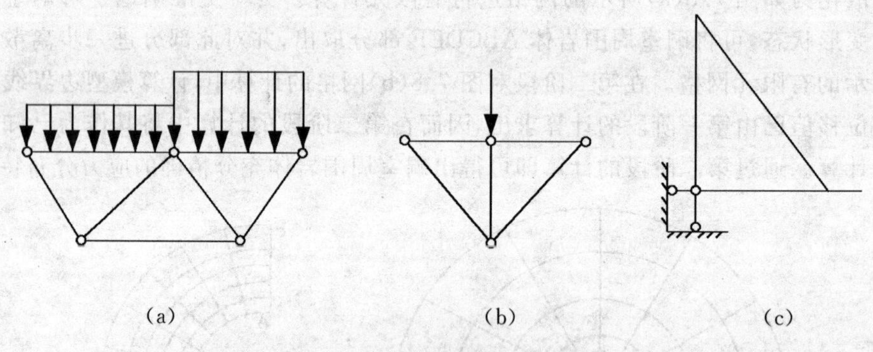

图 7.10　某些特殊点取为节点

(a)荷载突变点；(b)集中荷载点；(c)支撑点

(5)曲线边界处理。在离散化过程中,对于几何曲线边界,可以采用曲边单元,以减少几何误差,如图 7.11 所示。当采用直边单元时,应尽可能逼近实际面积,以便有效地减少几何误差。

(6)充分利用对称性。当结构或作用荷载具有对称性时,充分利用对称性可大大减少离散化网格的单元及节点数,从而大大节省计算机的内存,减少计算所用时间。当考虑对称性时,在垂直对称面方向上位移为零。例如图 7.8(b),即利用了硐室的对称性,从而使离散化网格的单元数减少了 1/2。图 7.7 有限元模型的建立也充分利用了结构和荷载的对称性。

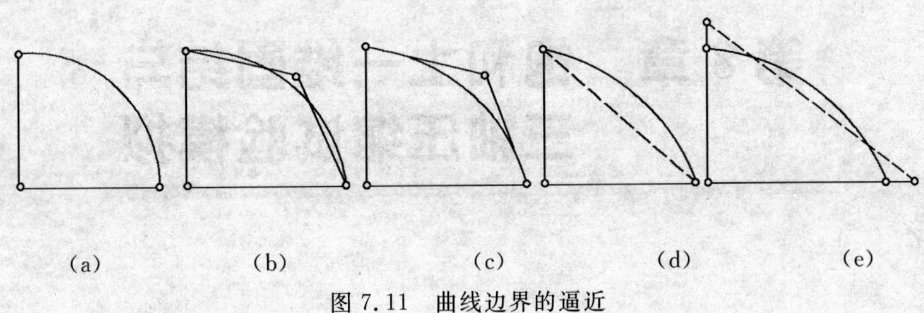

图 7.11　曲线边界的逼近

3. 计算结果与分析

有限元法的计算结果主要为节点位移、单元应力、塑性区范围。对于这些资料的整理目前均使用计算机。对于位移资料的整理，可在各节点位置按位移量取合适的比例，绘出整个有限元网格的位移矢量图。对于应力资料，一般将计算结果作为单元形心处的应力，进而可在每一单元形心处，根据主应力大小及方向按一定比例绘出主应力的矢量分布图。一般以箭头向外表示拉应力，以平箭头或箭头向内表示压应力。还可利用相关软件作出位移或应力等值线图。它们可更清晰地反映出位移，特别是应力的分布特征。

第8章　饱和土一维固结与三轴压缩试验模拟

8.1　饱和土一维固结压缩试验模拟

8.1.1　问题描述

饱和土一维固结压缩问题计算模型如图 8.1 所示。试件高度与直径均为 1 000 mm。试件垂直边界和底面边界光滑并受到约束。忽略初始地应力。试件顶面受到瞬时施加的 100 kPa 力作用，计算固结 20 s 后试件的变形与内部孔隙水压力的消散情况。假定材料为理想弹性材料，力学参数如图 8.7 所示。

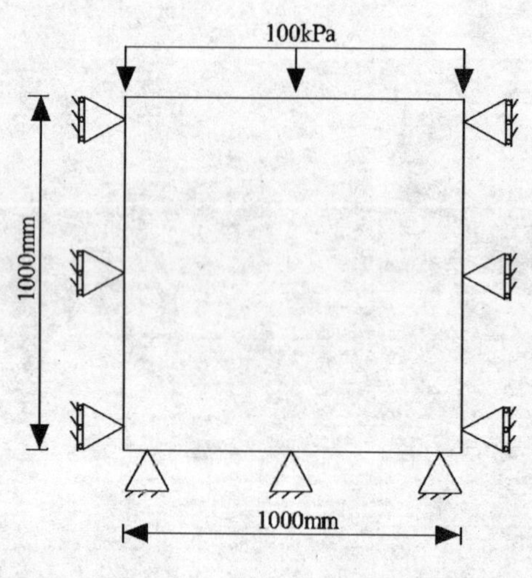

图 8.1　一维固结压缩模型

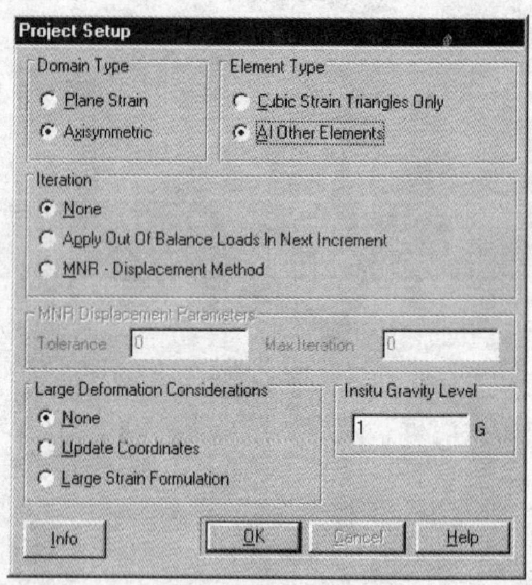

图 8.2 计算项目设置

8.1.2　前处理

1. *启动*

(1)在 Windows 操作系统中：开始→程序→Crisp2D→Crisp2D Pre Processor；

(2)在 Main menu 中，点击 File→New Project，如图 8.2 所示，在域类型(Domain Type)中选择轴对称(Axisymmetric)；在单元类型(Element Type)中选择其他类型(All Other Elements)；

(3)点击图 8.2 左下角 Info,出现如图 8.3 所示的对话框,填写后,点击 OK 退出。

2. 定义单位

(1)在 Main menu 中,点击 Option→Units,如图 8.4 所示;

(2)按图 8.4 选择后,点击 OK 退出。

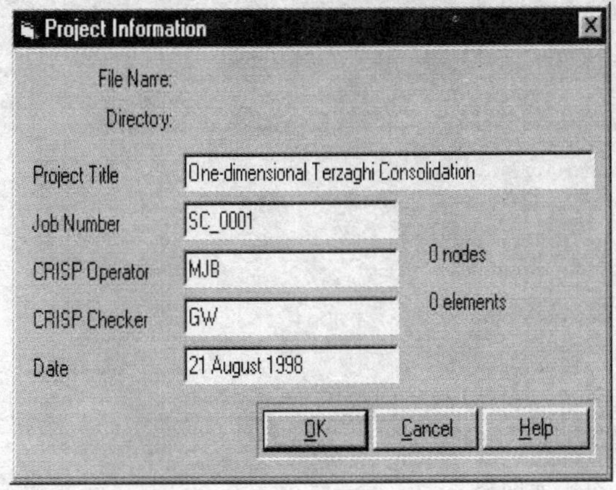

图 8.3　项目信息对话框

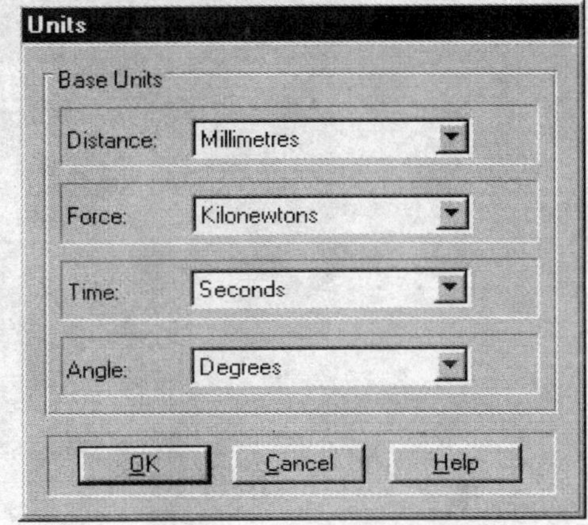

图 8.4　定义单位

3. 创建网格

(1)在 Main menu 中,点击 Mesh→Node Lists,出现如图 8.5 所示的对话框;

(2)分别输入四个节点坐标,输入中可用 TAB 键调整输入光标,输入结束后可先点击图 8.5 右下角 Preview 预览,无误后,点击 OK 结束节点序列的输入;

(3)返回 Main menu,点击 Zoom List 下拉菜单,选择放大类型为 Full Page;

(4)在 Main menu 中,点击 View→Node Numbers;

(5)在 Main menu 中,点击 Mesh→Create Elements, 用鼠标左键分别点击节点 1—2—3—1;再分别点击 3—4—1—3;

(6)在 Main menu 中,点击 Edit→Commit Element Creation,结果如图 8.6 所示。

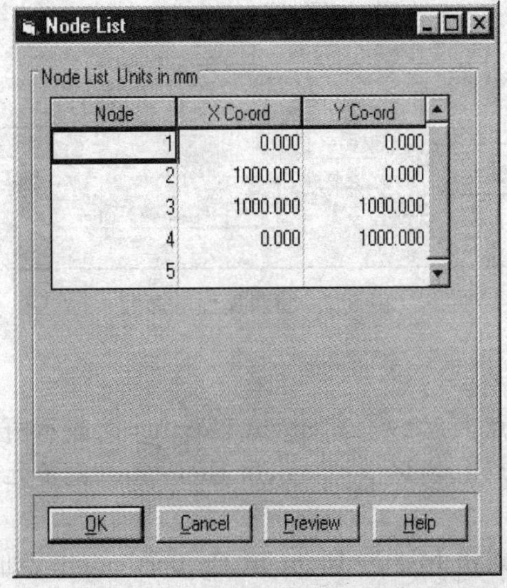

图 8.5　创建节点序列对话框

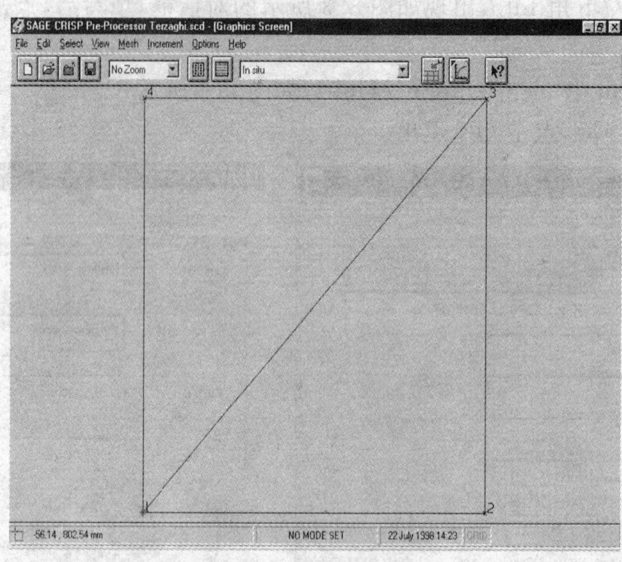

图 8.6　有限元网格

4. 定义材料区域

(1)在 Main menu 中,点击 Mesh→Material Properties,如图 8.7 所示;

(2)输入材料名称,在土模型 Soil Model 下拉菜单中选择各向异性线弹性,按图 8.7 中的参数分别输入,点击 OK 退出(注意:选择各向异性线弹性只是为了展示软件所带的土模型类型,参数实际是按照各向同性线弹性给定的,在实际工作中直接选择各向同性线弹性亦可)。

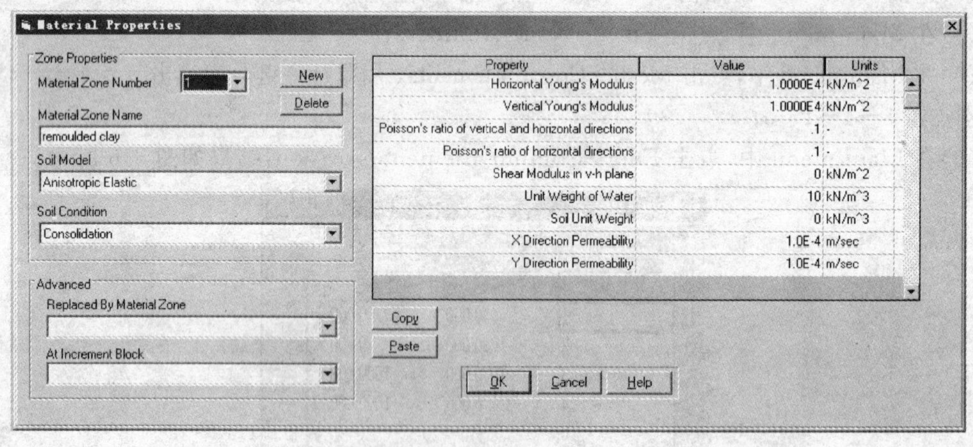

图 8.7　材料属性与参数

5. 指定单元属性

(1)在 Main menu 中,点击 View→Element Numbers,显示两个单元的编号;

(2)在 Main menu 中,点击 Select→Domain Elements(面单元),利用鼠标左键分别点击两个单元;

(3)在 Main menu 中,点击 Mesh→Element Properties,出现如图 8.8 所示的对话框;

(4)在 2D Element Types 中,选择 Liner Strain Triangle(consolidating)(固结条件下线

应变三角形单元)；

(5)在 Material Zone(材料区域)中选择(2)中输入的材料名称；

(6)点击 OK 退出，并点击 File → Save Project。

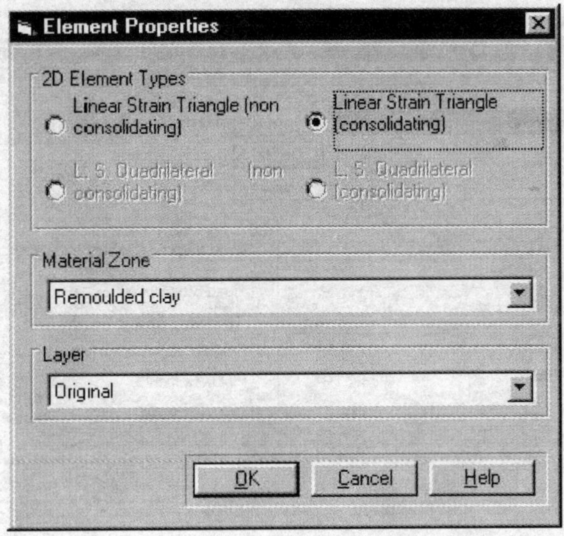

图 8.8　指定单元类型与材料区域

6. 定义初始地应力

(1) 在 Main menu 中，点击 Increment→Define In Situ Stress Conditions，显示如图 8.9 所示；

(2)本例中，忽略初始地应力作用，按图 8.9 中输入后，点击 OK 退出。

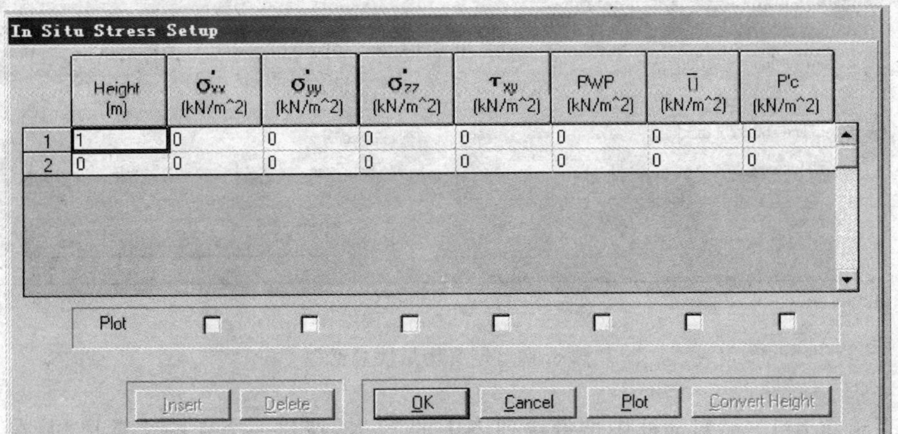

图 8.9　定义初始地应力

7. 定义增量块

(1)在 Main menu 中，点击 Increment→Define Increment Parameters，显示如图 8.10(a) 所示；

(2)将 Description of block(块描述)中默认的 Increment Block(untitled)改为 Apply pwp fixity；

(3)在 Block Definition(块定义)中，定义增量数(Number of Increments)为 1，块(Block)的持续时步(Time step)为 0.1 s；

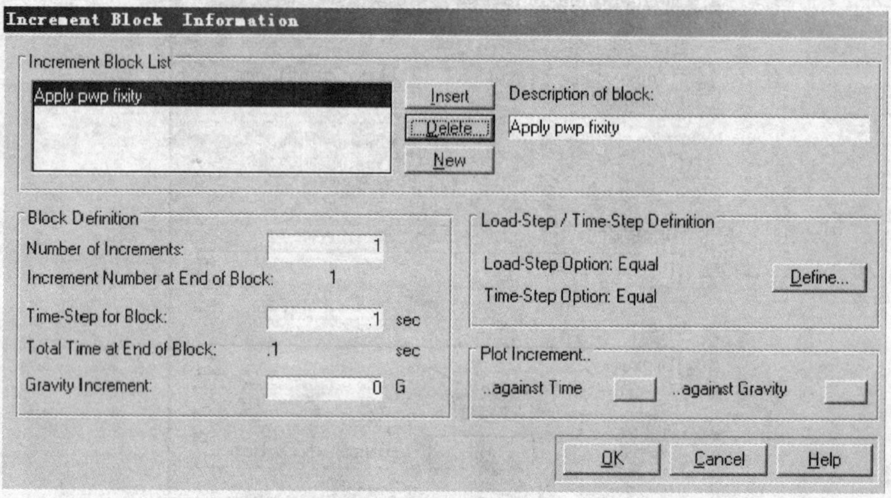

(a)

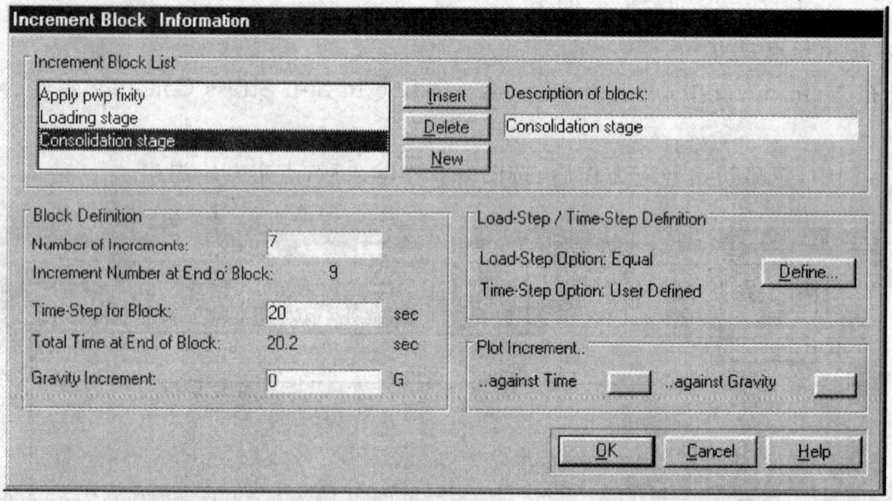

(b)

图 8.10　定义增量块对话框

(4)点击图 8.10(a)对话框中增量块列表中的 New，新建一个新的增量块，并在 Description of block 中输入块的名字 Loading Stage；

(5)在 Block Definition(块定义)中，定义增量数(Number of Increments)为 1，块(Block)的持续时步(Time step)为 0.1 s；

(6)点击图 8.10(a)对话框中增量块列表中的 New，新建一个新的增量块，并在 Description of block 中输入块的名字 Consolidation Stage；

(7)在 Block Definition(块定义)中，定义增量数(Number of Increments)为 7，块(Block)

的持续时步(Time step)为 20 s,如图 8.10(b)所示;

(8)点击 Define,出现荷载和时间/时步定义对话框如图 8.11(a)所示,在 Time Step 列中,前 5 列分别输入 1,第 6 列输入 5,第 7 列输入 10;点击 OK,显示如图 8.11(b)所示,点击"确定",再点击 OK 退出。

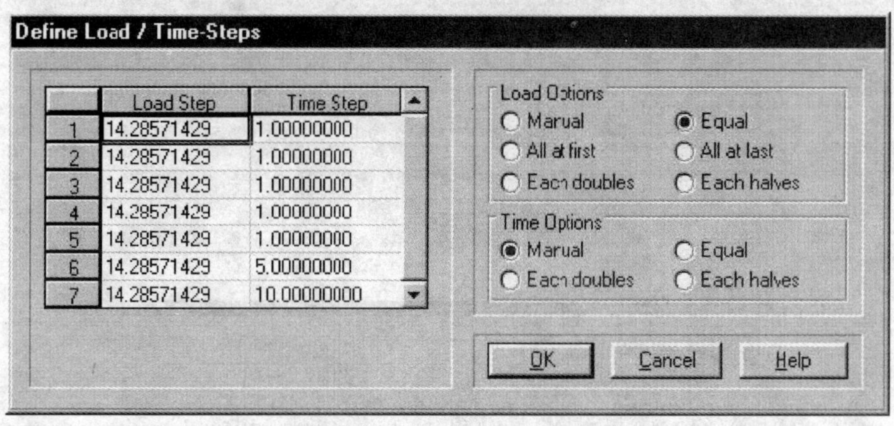

(a)

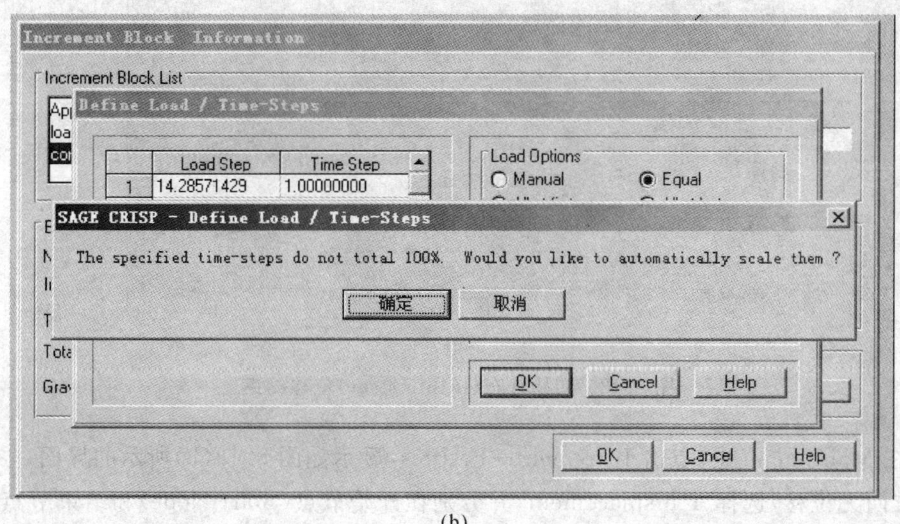

(b)

图 8.11　定义荷载和时间时步

8. 定义边界条件

(1) 确定在 Increment Block 下拉菜单里选择 In situ 状态,如图 8.12(a)所示;

(2)在 Main menu 中,点击 Select→Edges,用鼠标左键分别选择左、右两个垂直的边;

(3)在 Main menu 中,点击 Increment→Fixities,如图 8.13(a)所示;

(4)一维固结左右两边 X 方向无位移,选择 X displacement,并分别在开始节点(Start Node)和结束节点(Finish Node)输入 0,点击 Interpolate,如图 8.13(a),点击 OK 退出;

(5)在 Main menu 中,点击 Select→Clear Selection,用鼠标左键选择水平底边;

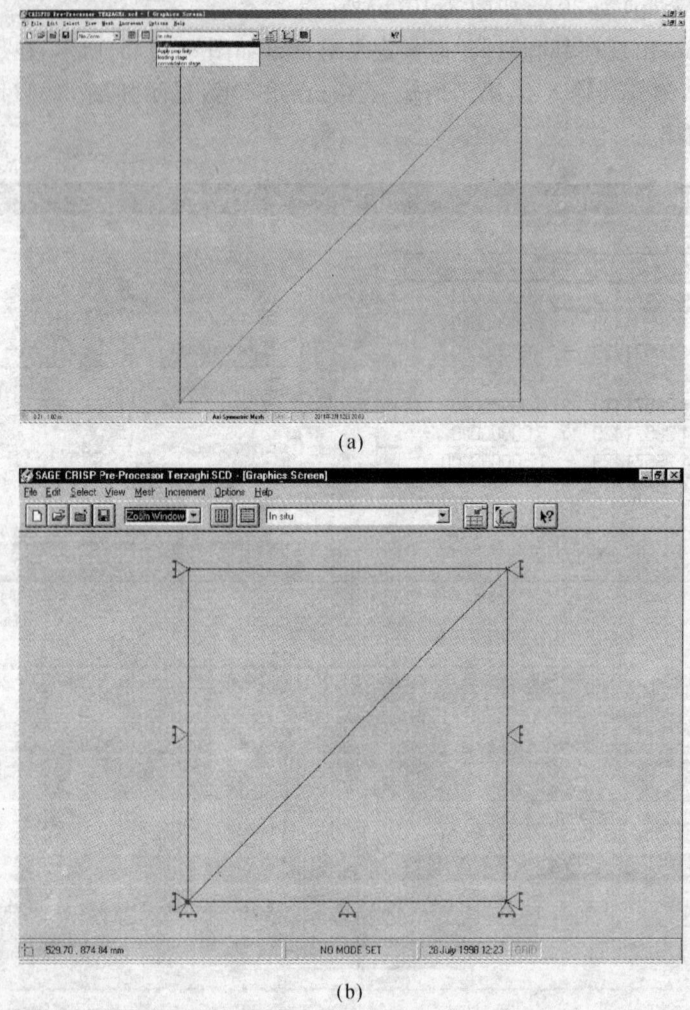

(a)

(b)

图 8.12　初始状态(In situ stage)位移约束

(6)在 Main menu 中,点击 Increment→Fixities,显示如图 8.13(b)所示的界面,一维固结底边 Y 方向无位移,选择 Y displacement,并分别在开始节点(Start Node)和结束节点(Finish Node)输入 0,点击 Interpolate,点击 OK 退出;

(7) 在 Main menu 中,点击 View→Fixities, 如图 8.12(b)所示;

(8)确定在 Increment Block 下拉菜单里选择 Apply pwp fixity 状态;

(9)在 Main menu 中,点击 Select→Clear Selection,用鼠标左键选择水平顶边;

(10)在 Main menu 中,点击 Increment→Fixities,显示如图 8.14 所示的界面,选择 Pore water pressure,并分别在开始节点(Start Node)和结束节点(Finish Node)输入 0,点击 Interpolate,点击 OK 退出;

(11) 在 Main menu 中,点击 Select→Clear Selection。

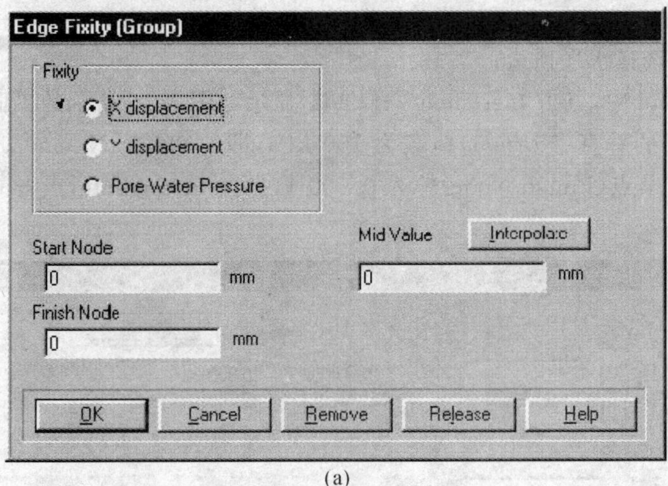

(a)

(b)

图 8.13　X,Y 方向无位移

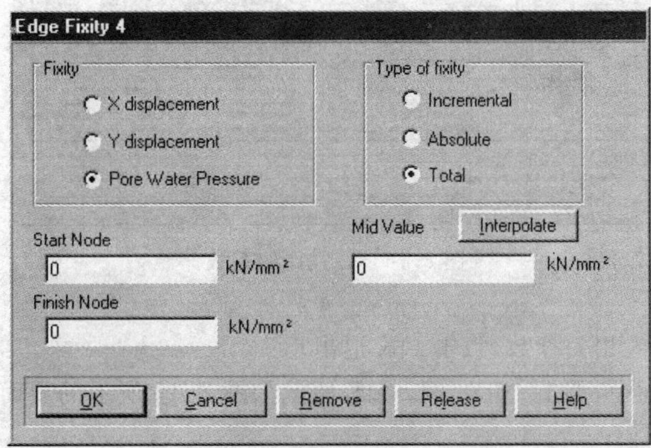

图 8.14　施加孔隙水压力约束

9. 定义荷载条件

(1)确定在 Increment Block 下拉菜单里选择 Loading Stage 状态；

(2)用鼠标左键选择水平顶边；

(3)在 Main menu 中，点击 Increment→Loads，显示如图 8.15 所示的界面；

(4) 本例中施加的垂直(Normal)荷载为 100 kPa，即 0.000 1kN/mm²，分别在开始节点(Start Node)和结束节点(Finish Node)输入 0.000 1，点击 Interpolate，点击 OK 退出。

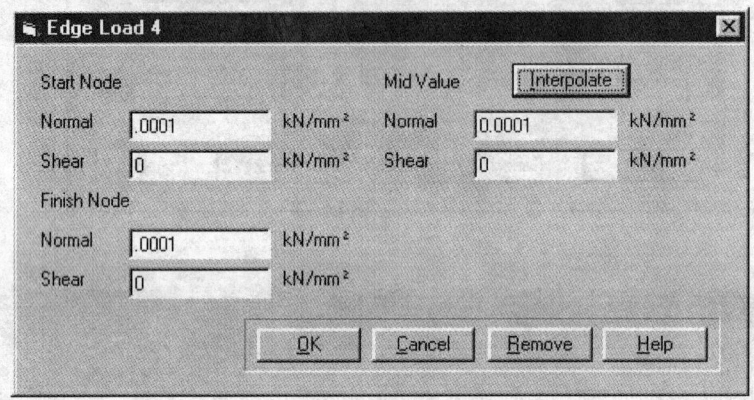

图 8.15　顶部荷载

10. 比例系数

(1)在 Main menu 中，点击 Option→Default Settings，并点击 Scale Factors(比例系数)键，出现如图 8.16 所示的界面；

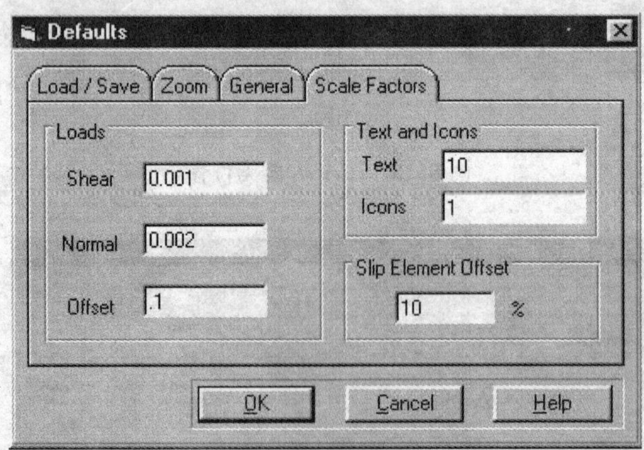

图 8.16　设置比例系数

(2) 按图 8.16 输入相关参数，点击 OK 退出；

(3)在 Main menu 中，点击 View→Loads，显示如图 8.17 所示的界面。

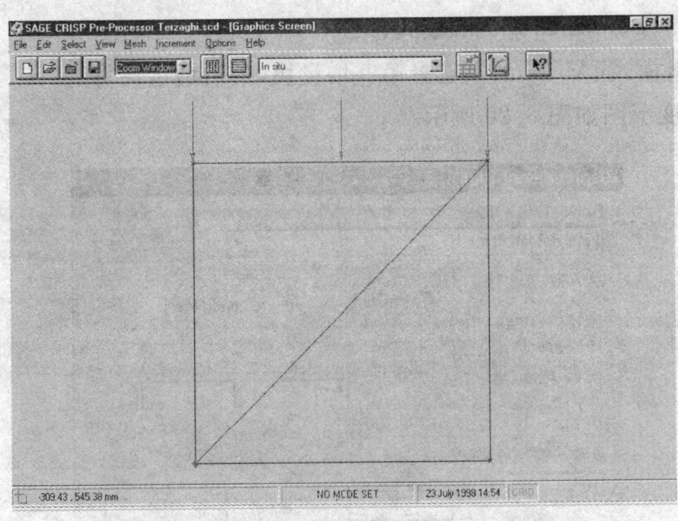

图 8.17　试件受荷状态

11. 计算求解

(1)在 Main menu 中,点击 File→Save the Projects;

(2)在 Main menu 中,点击 File→Run Analysis,显示如图 8.18(a)所示的对话框;

(3)点击创建计算文件(Create CRISP Files Now),如果前处理输入有错误,将出现提示消息,如果没有错误,将生成.GPR 和.MPD 两个文件,点击计算求解键(Run Analysis Now);

(4)求解成功后,显示如图 8.18(b)所示的对话框,点击后处理器(Post-Processor),转入后处理。

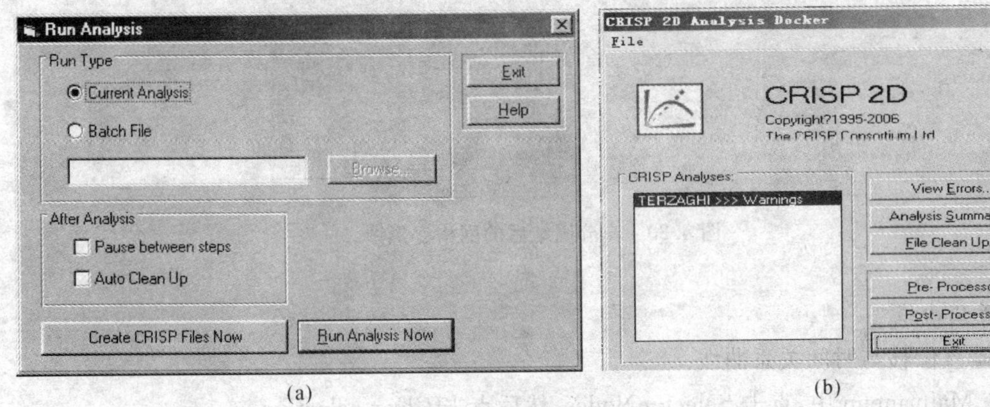

(a)　　　(b)

图 8.18　求解对话框

8.1.3　后处理

1. 变形曲线

(1)在 Main menu 中,点击 Plot→Displacement Plots,显示如图 8.19 所示的对话框;

(2)点击 New 创建新的图形,将图形名称(Displacement Name)改为 Final deformed mesh;

(3)选择变形图(Deformed Mesh)模式;

(4)选择绝对量模式(Absolute),选择第 9 增量块(最后增量块);

(5)点击 OK,变形图如图 8.20 所示。

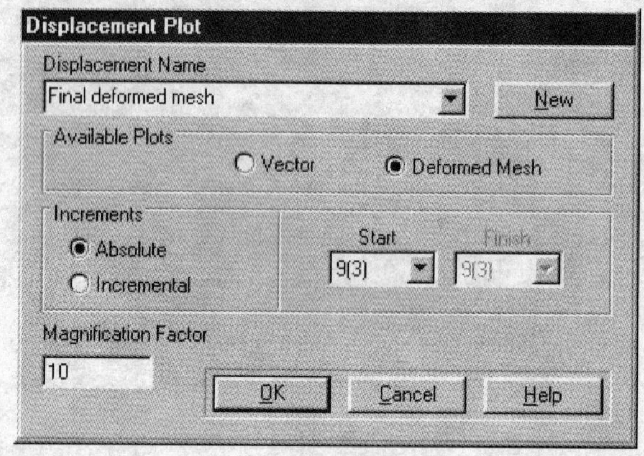

图 8.19　变形图绘制对话框

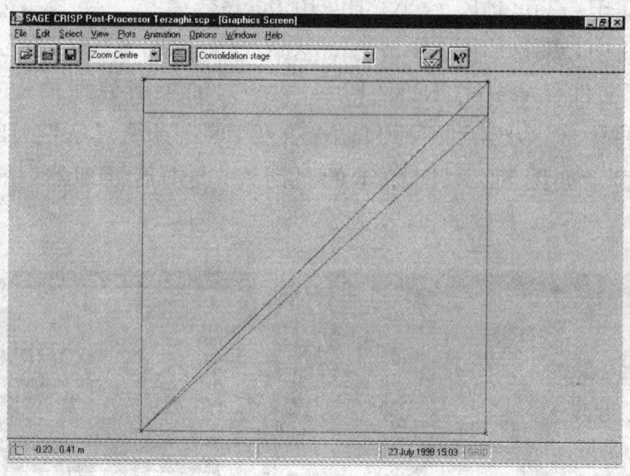

图 8.20　充分固结后的网格变形图

2. 历程曲线

(1)垂直位移与时间关系曲线。

1)在 Main menu 中,点击 Select→Nodes,然后点击 Clear selection;

2)用鼠标左键点击网格图左上角节点;

3)在 Main menu 中,点击 Plot→Duration Plots,显示如图 8.21 所示的对话框;

4)点击 New 创建新图形,将图形名称改为 Deflection of loaded edge;

5)在增量块范围中,设定开始增量块(Start)为 1,结束增量块(Finish)为 9;

6)选择 Time(Nodel value)为横坐标,选择 Vertical displacement(Nodel value)为纵坐标,点击 OK 退出,如图 8.22 所示。

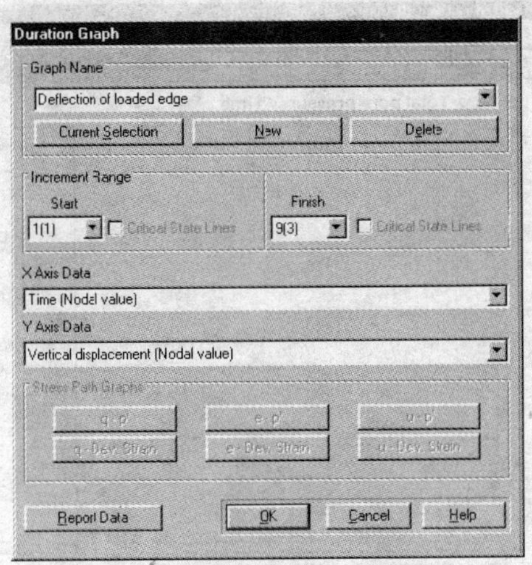

图 8.21　历程曲线对话框

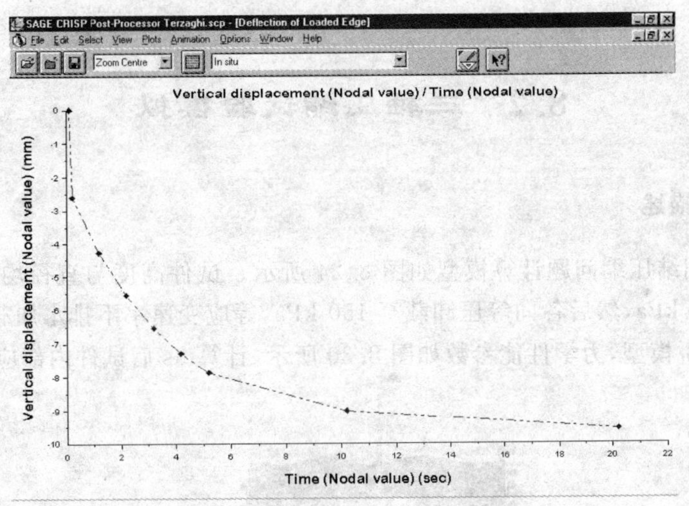

图 8.22　垂直位移与时间曲线

(2)总孔隙水压力与时间关系曲线。

1)在 Main menu 中,点击 View→Integration points;

2)在 Main menu 中,点击 Select→Integration points;用鼠标左键点击每个单元角上积分点;

3)在 Main menu 中,点击 Plot→Duration Plots,显示如图 8.21 所示的对话框;

4)点击 New 创建新图形,将图形名称改为 Dissipation of Pore Pressure;

5)在增量块范围中,设定开始增量块(Start)为 1,结束增量块(Finish)为 9;

6)选择 Time(Nodel value)为横坐标,选择 Total pore pressure 为纵坐标,点击 OK 退出,如图 8.23 所示。

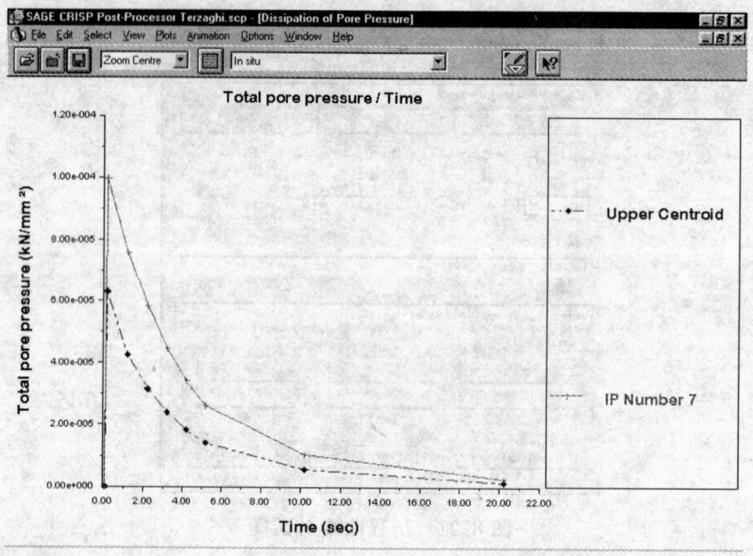

图 8.23　总孔隙水压力与时间关系曲线

8.2　三轴压缩试验模拟

8.2.1　问题描述

饱和土三轴固结压缩问题计算模型如图 8.24 所示。试件高度与直径均为 2 m。试件各向等压固结至 260 kPa，然后各向等压卸载至 150 kPa，等应变速率不排水加载，竖向应变速率为 0.5%，采用剑桥模型，力学性能参数如图 8.30 所示，计算 6s 后试件内部应力分布。

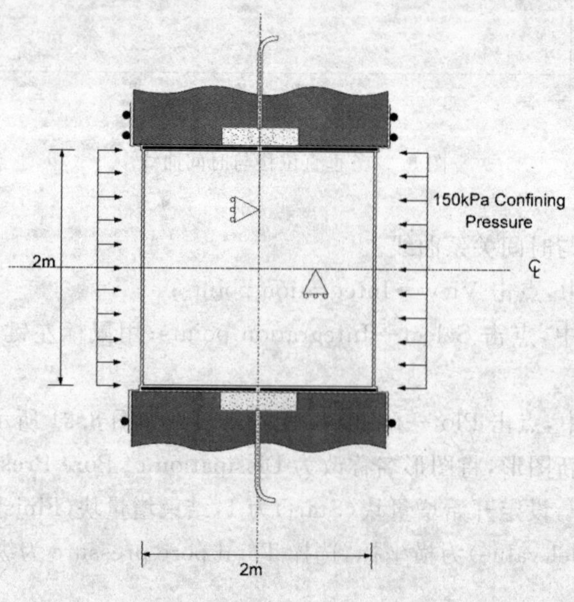

图 8.24　三轴腔示意图

8.2.2　前处理

1. 启动

(1)在 Windows 操作系统中：开始→程序→Crisp2D→Crisp2D Pre Processor；

(2)在 Main menu 中，点击 File→New Project，显示如图 8.25 所示，在域类型(Domain Type)中选择轴对称(Axisymmetric)，在单元类型(Element Type)中选择其他类型(All Other Elements)；

(3)点击图 8.25 左下角 Info，显示如图 8.26 所示的对话框，填写后，点击 OK 退出。

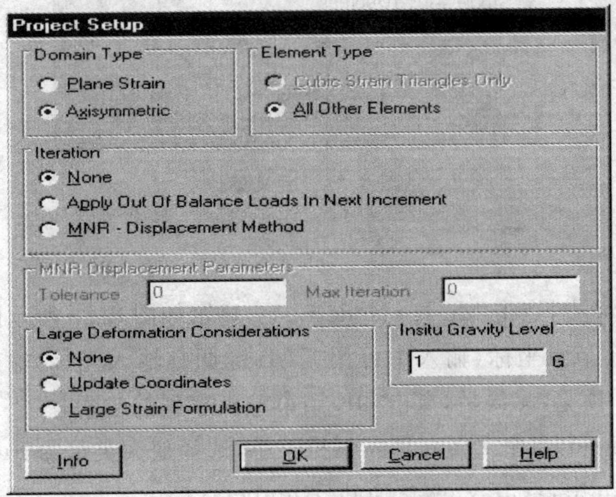

图 8.25　计算项目设置

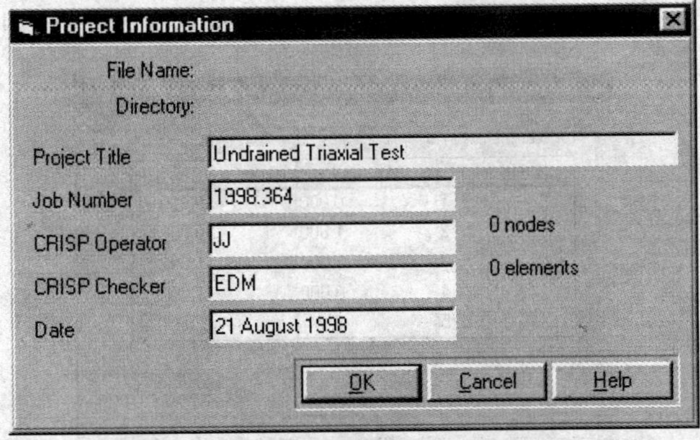

图 8.26　项目信息对话框

2. 定义单位

(1)在 Main menu 中，点击 Option→Units，显示如图 8.27 所示；

(2)按图 8.27 选择后，点击 OK 退出。

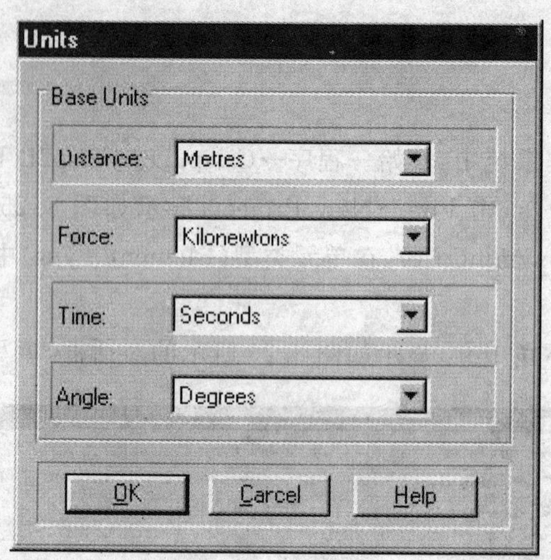

图 8.27　定义单位

3. 创建网格

(1)在 Main menu 中,点击 Mesh→Node Lists,显示如图 8.28 所示的对话框;

(2)分别输入四个节点坐标,输入中可用 TAB 键调整输入光标,输入结束后可先点击图 8.28 右下角 Preview 预览,无误后,点击 OK 结束节点序列的输入;

(3)返回 Main menu,点击 Zoom List 下拉菜单,选择放大类型为 Full Page;

(4)在 Main menu 中,点击 View→Node Numbers;

(5)在 Main menu 中,点击 Mesh→Create Element,用鼠标左键分别点击节点 1—2—3—1,再分别点击 3—4—1—3;

(6)在 Main menu 中,点击 Edit→Commit Element Creation,结果如图 8.29 所示。

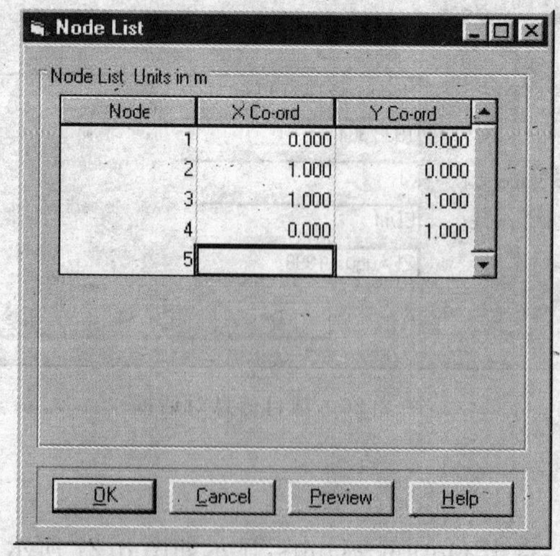

图 8.28　创建节点序列对话框

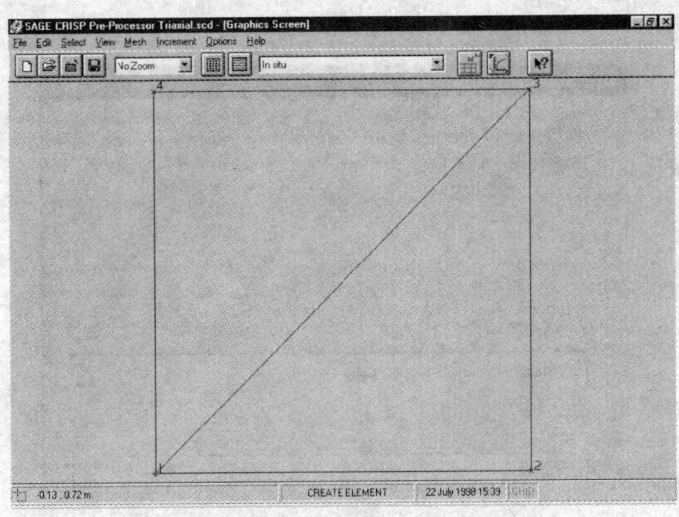

图 8.29　有限元网格

4. 定义材料区域

(1)在 Main menu 中,点击 Mesh→Material Properties,如图 8.30 所示;

(2)输入材料名称,在土模型 Soil Model 下拉菜单中选择剑桥模型,按图 8.7 中的参数分别输入,点击 OK 退出。

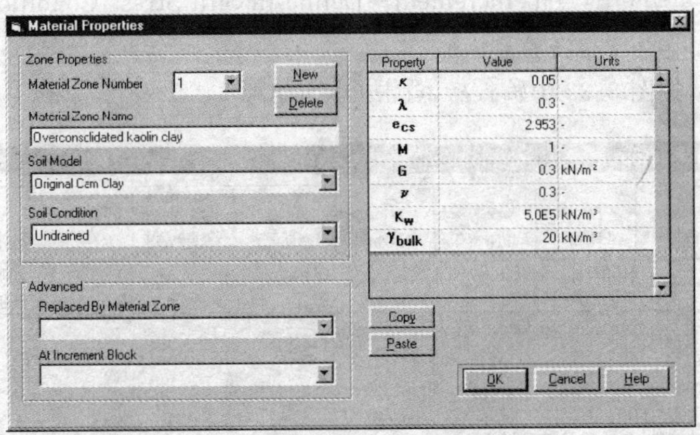

图 8.30　材料属性与参数

5. 指定单元属性

(1)在 Main menu 中,点击 View→Element Numbers, 显示两个单元的编号;

(2)在 Main menu 中,点击 Select→Domain Elements(面单元),利用鼠标左键分别点击两个单元;

(3)在 Main menu 中,点击 Mesh→Element Properties,显示如图 8.31 所示的对话框;

(4)在 2D Element Type 中,选择 Linear Strain Triangle(non - consolidating) (不排水条件下线应变三角形单元);

(5)在 Material Zone(材料区域)中选择(2)中输入的材料名称;

(6)点击 OK 退出,并点击 File → Save Project。

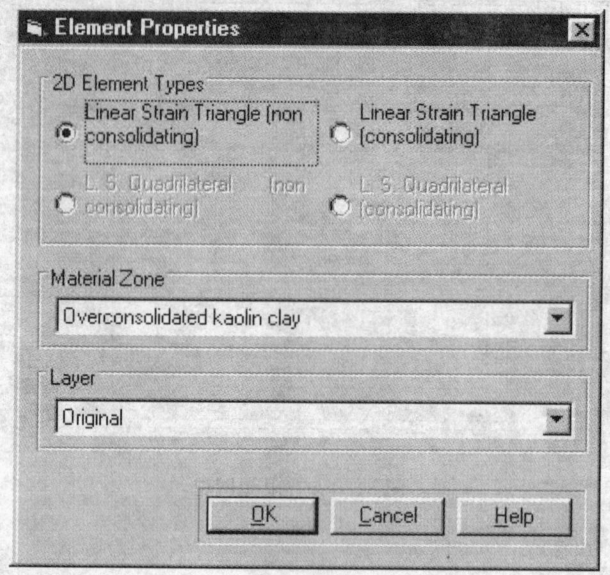

图 8.31　指定单元类型与材料区域

6. 定义初始地应力

(1) 在 Main menu 中,点击 Increment→Define In Situ Stress Conditions,显示如图 8.32 所示;

(2)根据题意,按图 8.32 中输入后,点击 OK 退出。

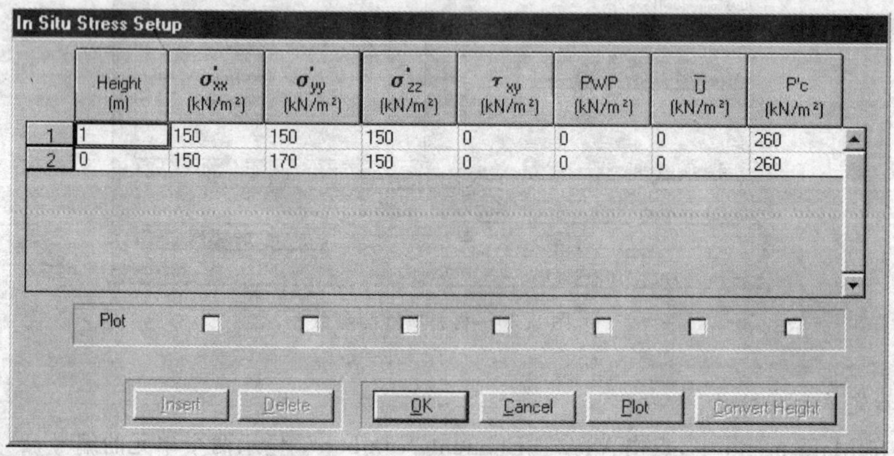

	Height (m)	σ'_{xx} (kN/m²)	σ'_{yy} (kN/m²)	σ'_{zz} (kN/m²)	τ_{xy} (kN/m²)	PWP (kN/m²)	$\bar{U}$ (kN/m²)	P'c (kN/m²)
1	1	150	150	150	0	0	0	260
2	0	150	170	150	0	0	0	260

图 8.32　定义初始地应力

7. 定义增量块

(1)在 Main menu 中,点击 Increment→Define Increment Parameters,显示如图 8.33 所示;

(2)将 Description of Block(块描述)中默认的 Increment Block(untitled)改为 Triaxial

Loading；

(3)在 Block Definition(块定义)中，定义增量数(Number of Increments)为 6，块(Block)的持续时步(Time step)为 1 s；

(4)点击 Define，显示荷载和时间/时步定义对话框如图 8.34 所示，在 Loading Option 和 Time Option 中分别选择 Equal，点击“确定”，再点击 OK 退出。

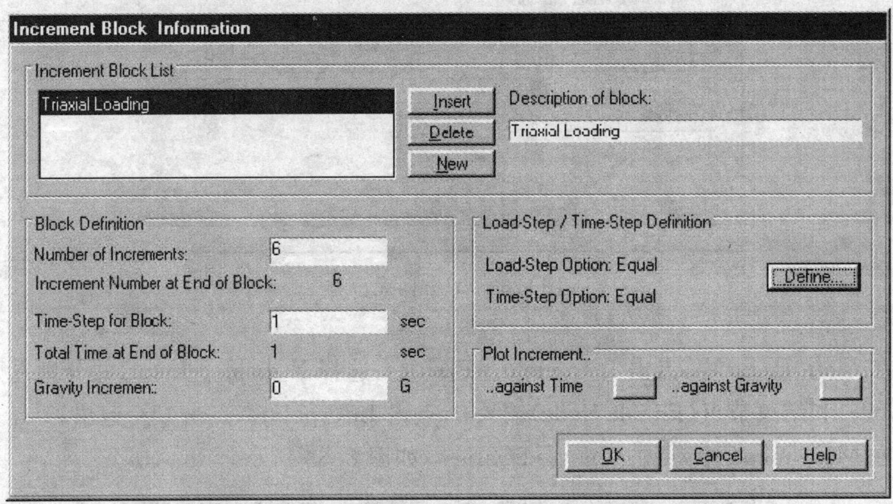

图 8.33 定义增量块对话框

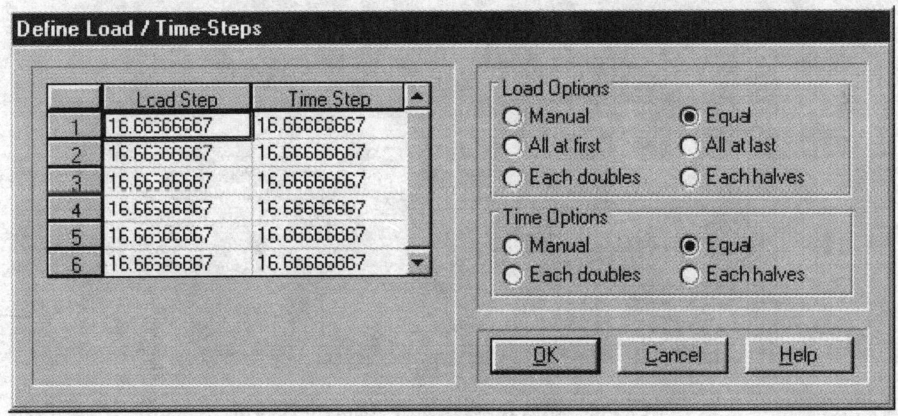

图 8.34 定义荷载和时间时步

8. 定义边界条件

(1)确定在 Increment Block 下拉菜单里选择 In situ 状态，参考图 8.12(a)；

(2)在 Main menu 中，点击 Select→Edges，用鼠标左键选择水平的底边；

(3)在 Main menu 中，点击 Increment→Fixities，显示如图 8.35 所示；

(4)选择 Y displacement，并分别在开始节点(Start Node)和结束节点(Finish Node)输入 0，点击 Interpolate，如图 8.35 所示，点击 OK 退出；

(5)在 Main menu 中，点击 Select→Clear Selection，用鼠标左键选择竖直的左边线；

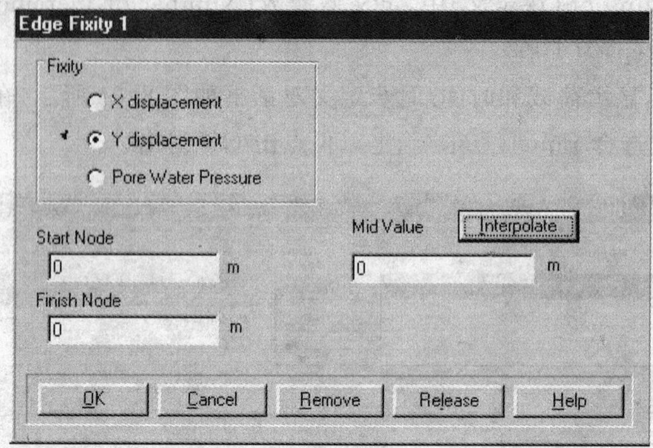

图 8.35 Y 方向无位移

(6)在 Main menu 中，点击 Increment→Fixities；选择 X displacement，并分别在开始节点(Start Node)和结束节点(Finish Node)输入 0，点击 Interpolate，点击 OK 退出；

(7)在 Main menu 中，点击 View→Fixities，如图 8.36 所示。

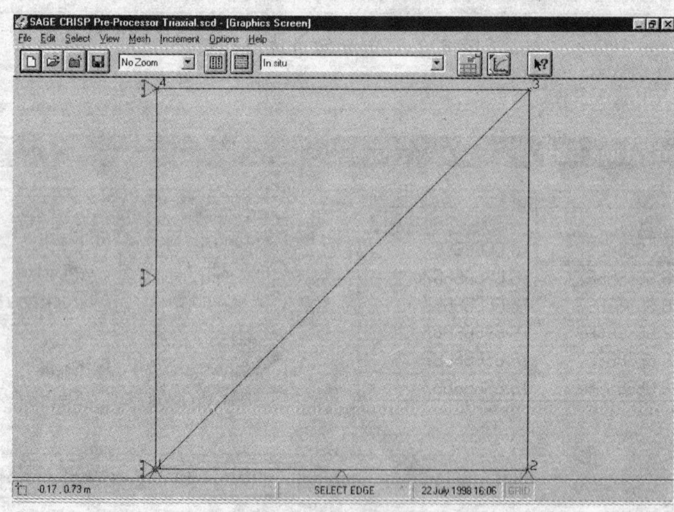

图 8.36 初始状态(In situ stage)位移约束

(8)确定在 Increment Block 下拉菜单里选择 Triaxial Loading 状态(需要注意的是，本例中采用的是等应变速率加载，下面步骤演示如何通过边界条件来实现等应变速率的加载)；

(9)在 Main menu 中，点击 Select→Clear Selection，用鼠标左键选择水平的顶边线；

(10)在 Main menu 中，点击 Increment→Fixities，显示如图 8.37 所示；选择 Y displacement，并分别在开始节点(Start Node)和结束节点(Finish Node)输入 −0.03，点击 Interpolate，点击 OK 退出。

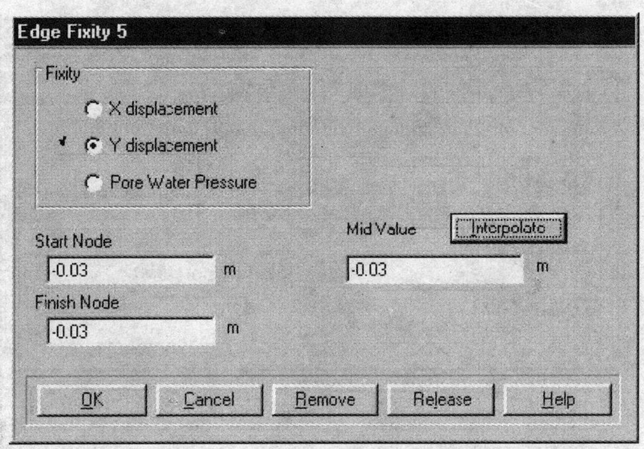

图 8.37　*Y* 方向加载位移约束

9. 定义荷载条件

(1)确定在 Increment Block 下拉菜单里选择 In situ 状态，参考图 8.12(a)；

(2)在 Main menu 中，点击 Select→Clear Selection，鼠标左键选择水平顶边和右侧竖直边线；

(3)在 Main menu 中，点击 Increment→Loads，显示如图 8.38 所示的界面；

(4)本例中施加的围压为 150 kPa，分别在开始节点(Start Node)和结束节点(Finish Node)输入 150，点击 Interpolate，点击 OK 退出，如图 8.38 所示。

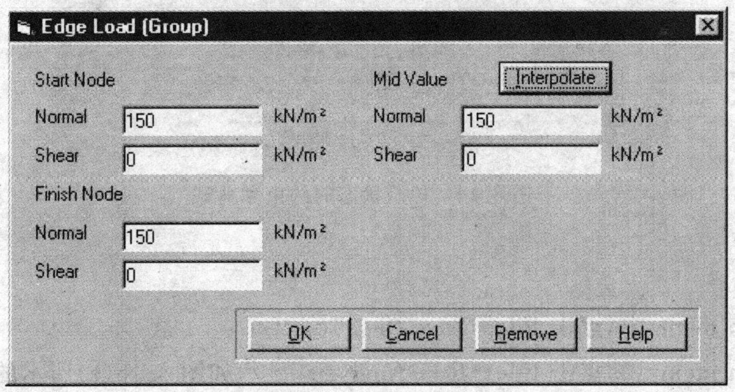

图 8.38　定义围压

10. 放大系数

(1)在 Main menu 中，点击 Option→Default Settings，并点击 Scale Factors(比例系数)键，显示如图 8.39 所示的界面，按图 8.39 输入相关参数，点击 OK 退出；

(2)在 Main menu 中，点击 View→Loads，显示如图 8.40 所示的界面。

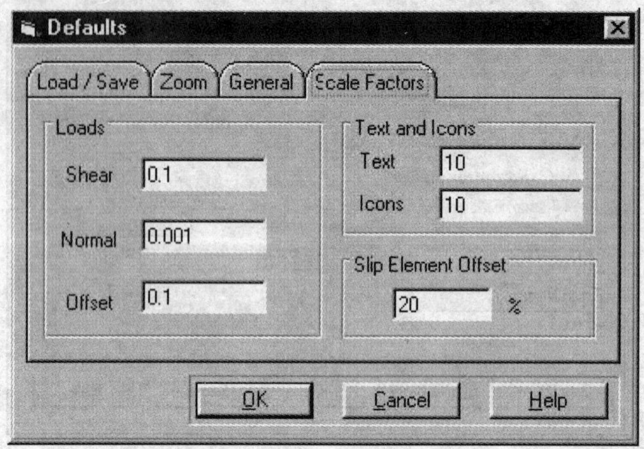

图 8.39 设置比例系数

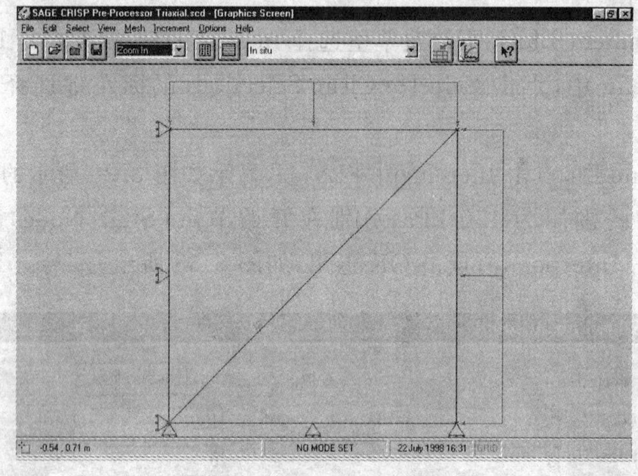

图 8.40 初始状态的约束和荷载

11. 计算求解

(1)在 Main menu 中,点击 File→Save the Projects;

(2)在 Main menu 中,点击 File→Run Analysis,显示如图 8.18(a)所示的对话框;

(3)点击创建计算文件(Create CRISP Files Now),如果前处理输入有错误,将出现提示消息;如果没有错误,将生成.GPR 和.MPD 两个文件,点击计算求解键(Run Analysis Now);

(4)求解成功后,显示如图 8.18(b)所示的对话框,点击后处理器(Post-Processor),转入后处理。

8.2.3 后处理

1. 历程曲线

(1)在 Main menu 中,点击 View→Integration points;

(2)在 Main menu 中,点击 Select→Clear selection→Integration points,用鼠标左键点击

右上角积分点；

(3)在 Main menu 中，点击 Plot→Duration Plots，显示如图 8.41 所示的对话框；

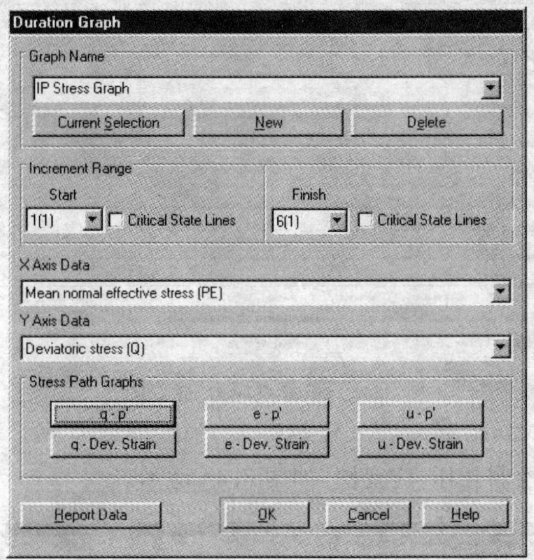

图 8.41　历程曲线对话框

(4)点击 New 创建新图形，将图形名称改为 IP Stress Graph；

(5) 在增量块范围中，设定开始增量块(Start)为 1，结束增量块(Finish)为 6；

(6)点击图 8.41 中 Stress Path Graphs 中 q－p′键，点击 OK 退出，如图 8.42 所示；

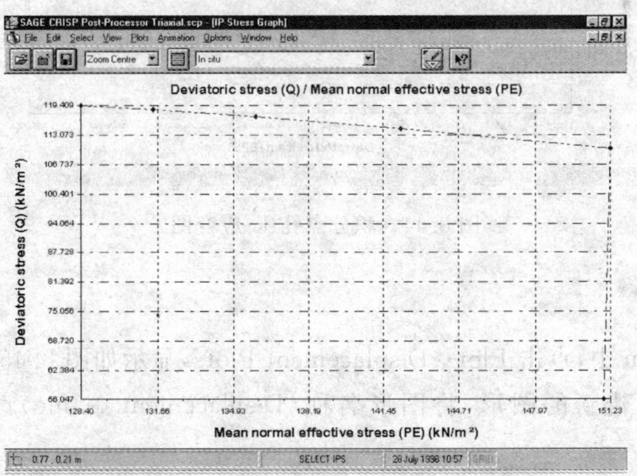

图 8.42　积分点应力图

(7)在 Main menu 中，点击 Plot→Duration Plots，显示如图 8.41 所示的对话框；

(8)点击 New 创建新图形，将图形名称改为 IP Stress/Strain Graph；

(9) 在增量块范围中，设定开始增量块(Start)为 1，结束增量块(Finish)为 6；

(10)点击图 8.41 中 Stress Path Graphs 中 q－Dev. Strain 键，点击 OK 退出，如图 8.43 所示；

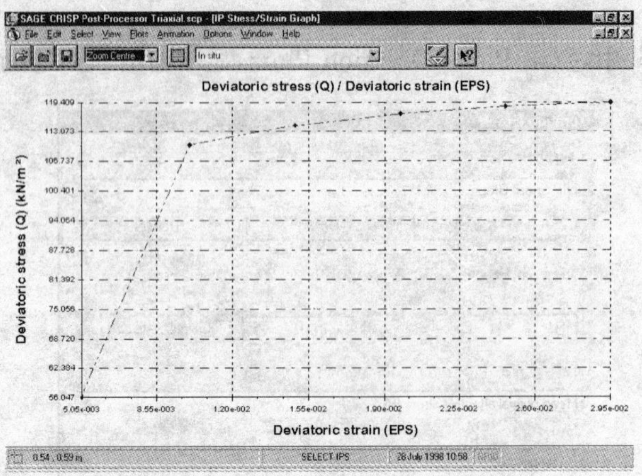

图 8.43　积分点应力-应变图

(11)重复上述步骤，绘制孔压-应变图，如图 8.44 所示。

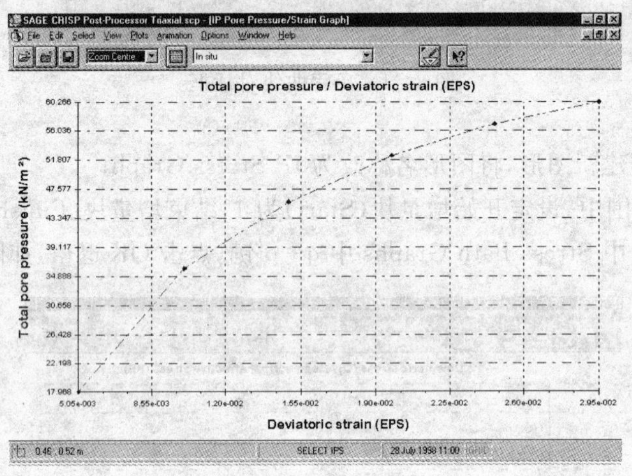

图 8.44　积分点孔压-应变图

2. 变形曲线

(1)在 Main menu 中，点击 Plot→Displacement Plots，显示如图 8.45 所示的对话框；

(2)点击 New 创建新的图形，将图形名称(Displacement Name)改为 Fully deformed mesh；

(3)选择变形图(Deformed Mesh)模式；

(4)选择绝对量模式(Absolute)，选择第 1 增量块(最后增量块)；

(5)点击 OK，变形图如图 8.46 所示。

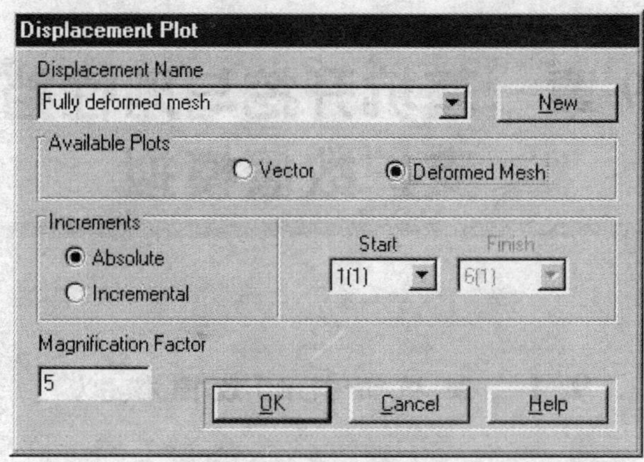

图 8.45　变形图绘制对话框

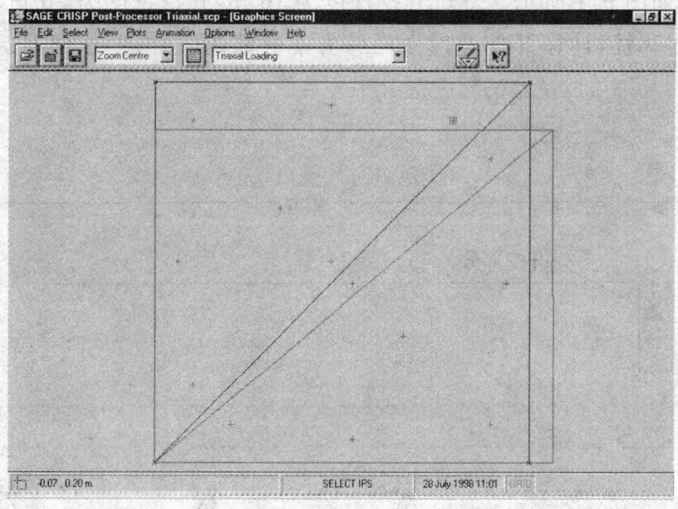

图 8.46　网格变形图

8.3 小　　结

(1)节点、单元、坐标的关系,如何创建节点、单元。

(2)边界条件(位移边界条件,孔压边界条件)的设定。

(3)应力加载方式,应变加载方式。

(4)对比更多单元对计算精度的影响。

(5)对比更多增量块对计算精度的影响。

(6)尝试用本章数值解的方法计算求解第 6 章中的例子。

第 9 章　基坑开挖与刚性挡墙支护数值模拟

9.1　基坑开挖的数值模拟

9.1.1　问题描述

基坑开挖模型如图 9.1 所示。基坑开挖深度为 10 m，开挖宽度为 20 m，采用平面应变模型，考虑到模型的对称性，计算开挖宽度 10 m，力学性能参数如图 9.12 所示，边界条件如图 9.1 所示。

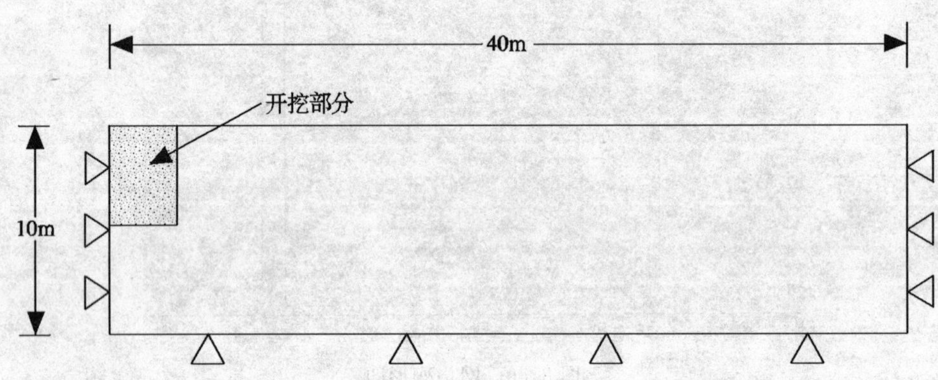

图 9.1　基坑开挖计算模型

9.1.2　前处理

1. 程序启动

(1)在 Windows 操作系统中：开始→程序→Crisp2D→Crisp2D Pre Processor；

(2)在 Main menu 中，点击 File→ New Project(或快捷键 Ctrl＋N)，显示如图 9.2 所示，在该对话框中选择 Structured Super Mesh，生成 Project Setup 对话框，如图 9.3 所示；

(3)在 Project Setup 对话框的域类型(Domain Type)中选择平面应变(Plain Strain)，在单元类型(Element Type)中选择其他类型(All Other Elements)；

(4)点击图 9.3 左下角 Info，显示如图 9.4 所示的对话框，填写后，点击 OK 退出；

(5)在图 9.3 窗口中点击 OK。

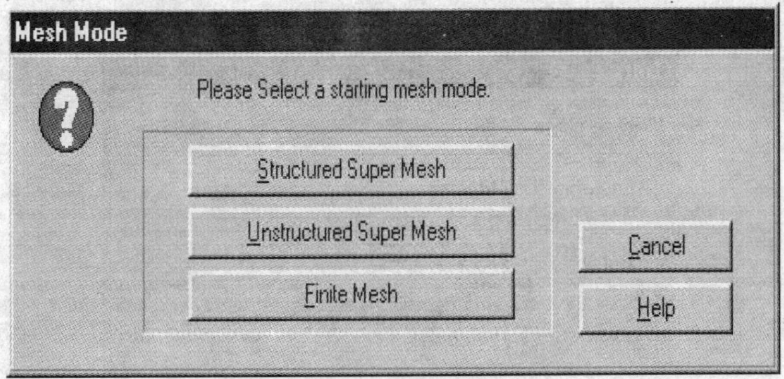

图 9.2　网格类型对话框

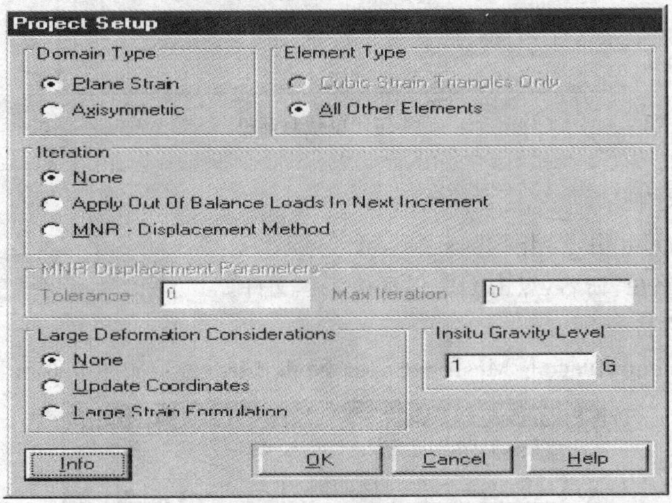

Project Setup
Domain Type
Plane Strain
Axisymmetric
Element Type
Cubic Strain Triangles Only
All Other Elements
Iteration
None
Apply Out Of Balance Loads In Next Increment
MNR - Displacement Method
MNR Displacement Parameters
Tolerance 0
Max Iteration 0
Large Deformation Considerations
None
Update Coordinates
Large Strain Formulation
Insitu Gravity Level
1 G
Info
OK
Cancel
Help

图 9.3　工程对话框

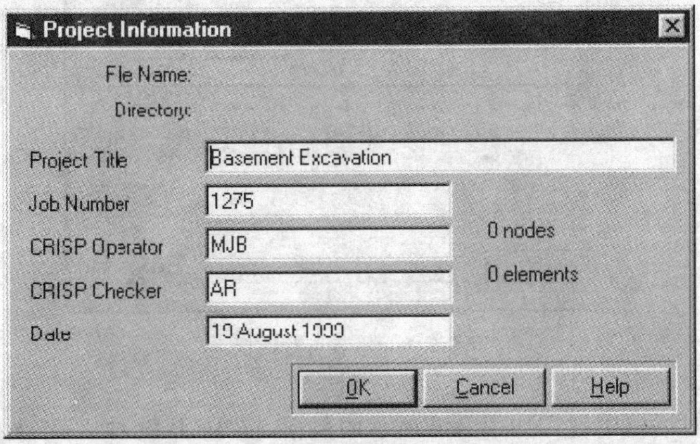

Project Information
File Name:
Directory:
Project Title Basement Excavation
Job Number 1275
CRISP Operator MJB
CRISP Checker AR
Date 10 August 1999
0 nodes
0 elements
OK
Cancel
Help

图 9.4　项目信息对话框

2. 定义单位

(1)在 Main menu 中，点击 Option→ Units，显示如图 9.5 所示；

(2)选定单位后,点击 OK 退出。

Units

Base Units

Distance: Metres

Force: Kilonewtons

Time: Seconds

Angle: Degrees

OK Cancel Help

图 9.5　单位对话框

3. 保存工程文件

(1)在 Main menu 中,点击 File→ Save Project;

(2)选择保存路径,命名,点击 OK 保存该工程文件。

4. 创建超级网格

(1)在 Main menu 中,点击 Mesh→ Super Node List,显示如图 9.6 所示的对话框;

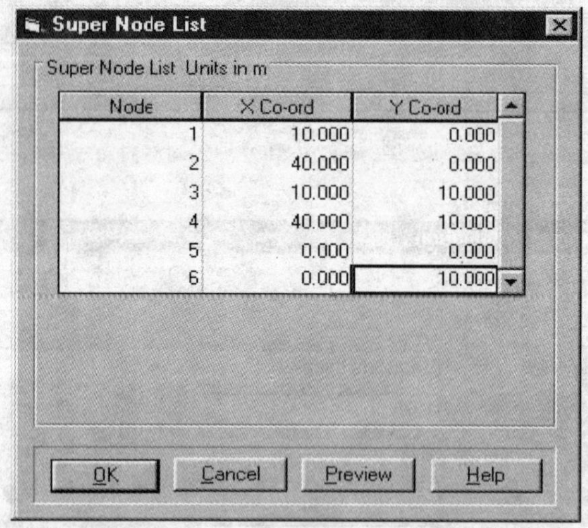

Node	X Co-ord	Y Co-ord
1	10.000	0.000
2	40.000	0.000
3	10.000	10.000
4	40.000	10.000
5	0.000	0.000
6	0.000	10.000

图 9.6　超节点对话框

(2)在超节点对话框中键入如图 9.6 所示的数据,按 TAB 键对 X,Y 坐标进行换行;

(3)完成输入后点击 OK 键;

(4)在 Main menu 中,点击 Zoom List 下拉菜单,选择放大类型为 Full Page;

(5)选择 Main menu 中的 View→ Super Node Numbers,标出超级节点编号;

(6)在 Main menu 中,点击 Mesh→ Create Super Elements, 用鼠标左键分别点击节点

1—2—3—4—1,再分别点击 5—1—3—6—5；

(7)在 Main Menu 中,点击 Edit→ Commit Super Element Creation(Ctrl + C),连接各点创建超级单元,完成后如图 9.7 所示。

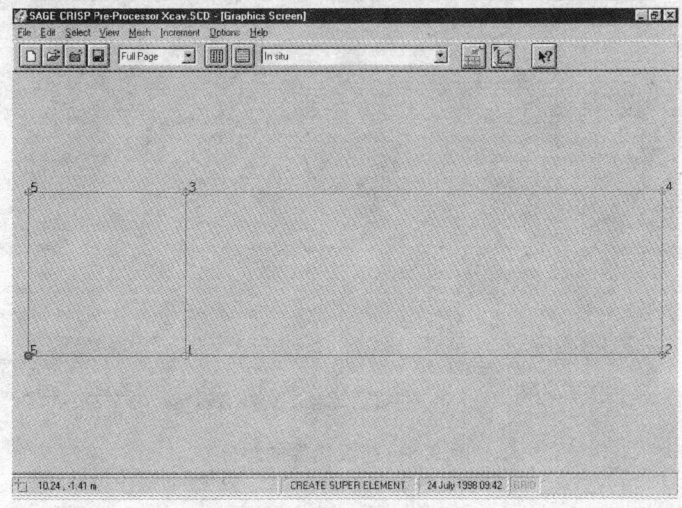

图 9.7　超级网格结构图

5. 定义边界条件

(1)在 Main Menu 中,点击 Select→ Super Edge,选择左上角的水平边；

(2)在 Mesh 菜单中点击 Super Edge Gradings,生成线段分段图；

(3)在 No. Divisions 属性框中键入 10,并选择 Equal spacing,如图 9.8 所示；

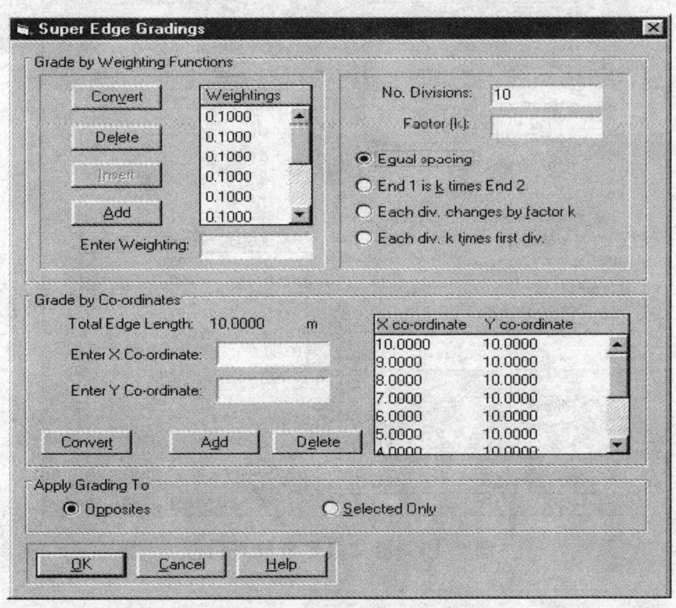

图 9.8　边界分段对话框

(4)输入完成后点击 OK(定义完某一边界后其相对的边界也已定义完成),如图 9.9

所示；

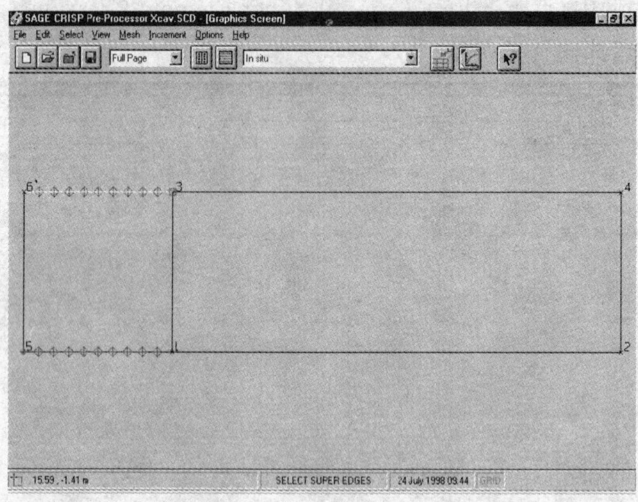

图 9.9　超级边界的等分

(5)在 Main menu 中，点击 Select→ Clear Selection 或用快捷键 Ctrl ＋ L；

(6) 选中左侧的竖直边，点击 Mesh 菜单中的 Super Edge Grading；

(7)在 No. Division 中键入 8 并选中 Equal Spacing，在 9 m 处增加一个等分点，输入 X 及 Y 坐标值点击 Add，如图 9.10 所示，点击 Convert 和 OK 将属性赋予该边界；

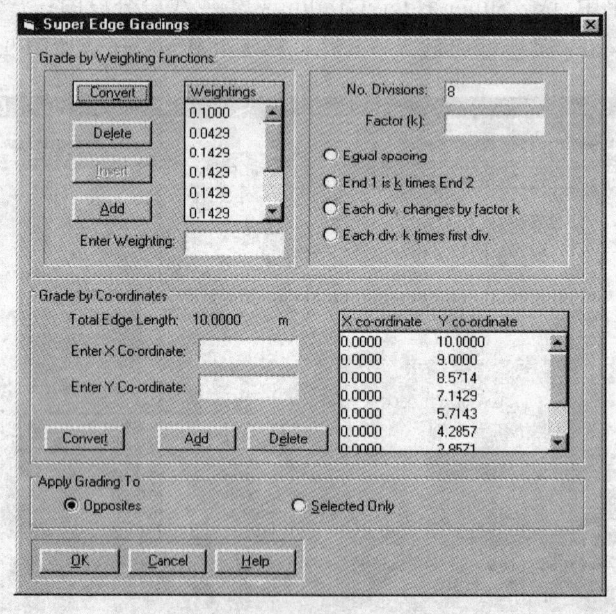

图 9.10　定义边界分段对话框

(8)在 Select 菜单中选择 Clear Selection；

(9)选中右上部的边界，将其分为 6 份(divisions)，右端间距是左端间距的 3 倍(factors)，操作方法为选择线时靠近左端，其他操作与上一步步骤相同，操作完成后如图 9.11 所示。

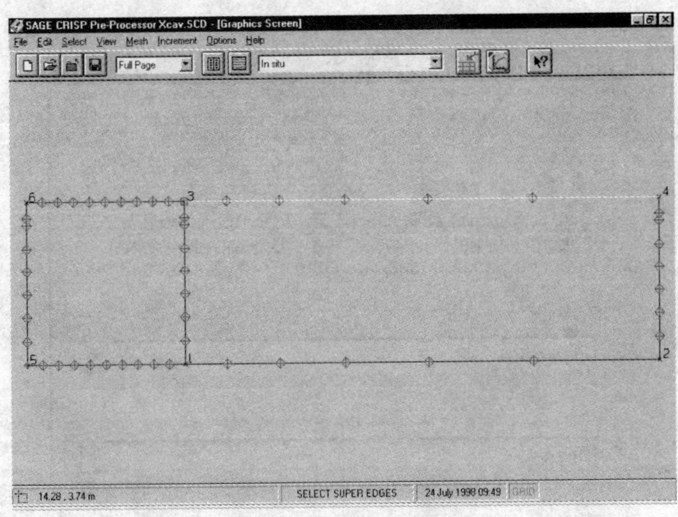

图 9.11　线段分段截图

6. 定义材料属性单元

(1)在 Main menu 中,点击 Mesh→ Material Properties,显示材料属性对话框如图 9.12 所示;

(2)参照图 9.12 添加材料属性;

(3)完成操作后点击 OK。

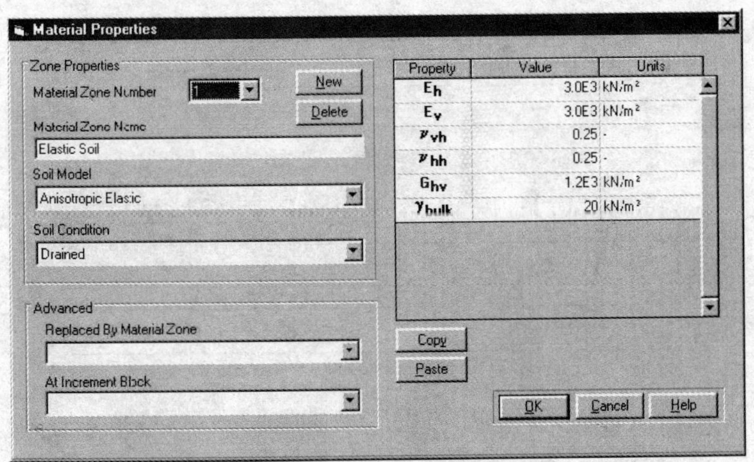

图 9.12　材料属性对话框

7. 定义单元属性

(1)在 Main menu 中,点击 Select→ Domain Super Elements(面单元)同时选中两个单元;

(2)在 Mesh 菜单中点击 Element Properties,显示如图 9.13 所示的对话框;

(3)按照图 9.13 添加各单元属性,完成操作后点击 OK。

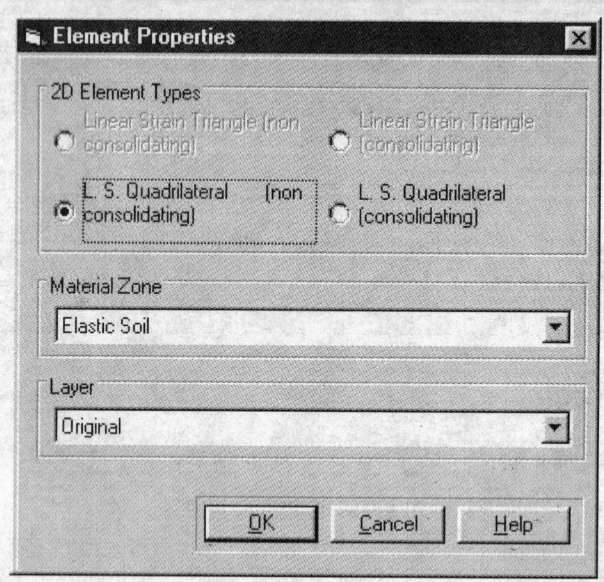

图 9.13 单元属性对话框

8. 生成有限元网格

在 Mesh 菜单中点击 Generate Finite Element Mesh，生成有限元网格，如图 9.14 所示。

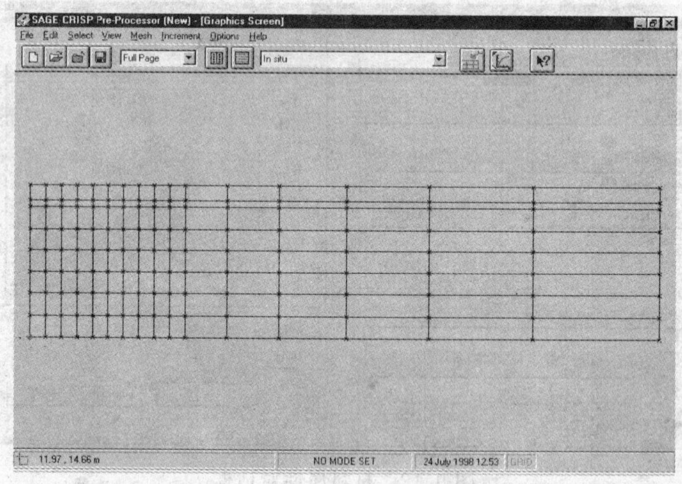

图 9.14 自动生成的有限元网格

9. 定义初始应力

(1)在 Main menu 中，点击 Increment→ Define In Situ Stress Conditions，显示如图 9.15 所示；

(2)按照图 9.15 填写初始应力，完成后点击 OK。

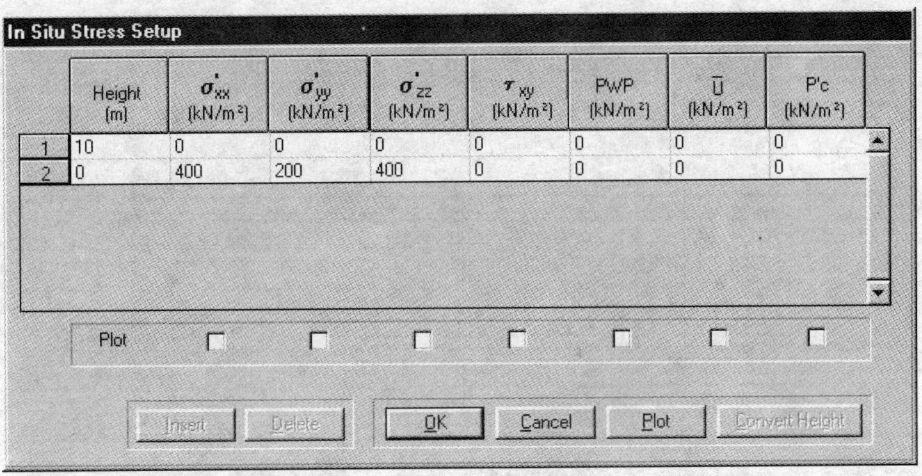

图 9.15　初始应力对话框

10. 定义增量块

(1)在 Main menu 中，点击 Increment→ Define Increment Block Parameters，显示如图 9.16 所示；

(2)将 Description of block(块描述)中默认的 Increment Block(untitled)改为 Excavate，将增量定义为 5，如图 9.16 所示，点击 OK 完成操作。

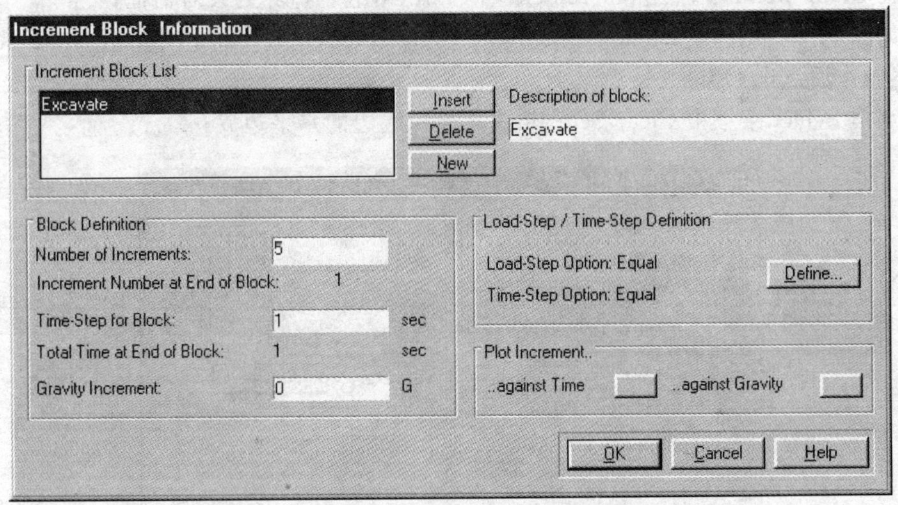

图 9.16　增量块信息

11. 设置施工结果

(1)在工具栏中选择 Excavate，在 Select 菜单中点击 Domain Element，同时选中所有需要挖除的单元，如图 9.17 所示；

(2)在 Increment 菜单中点击 Remove Element，移除该单元。

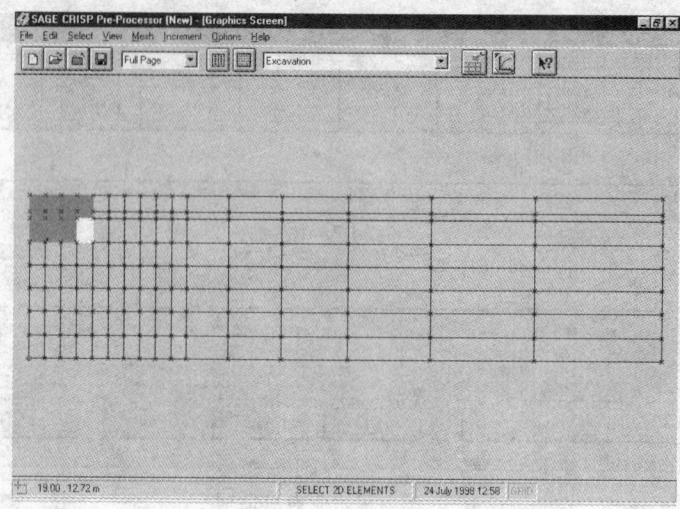

图 9.17　挖出单元

12. 定义边界条件

定义初始约束条件:

(1)在工具栏的 Increment Block 下拉框中选择 In situ;

(2)点击 Select 菜单中 Edges,选择最左侧和最右侧的竖直边界;

(3)在 Main menu 中,点击 Increment→ Fixities,显示边界约束对话框;

(4)如图 9.18 中选择 X displacement,将 Start Node,Mid Value,Finish Node 赋值为 0,完成上述操作后点击 OK;

(5)点击 Select 菜单中 Clear Selection,并选择底边的水平边界;

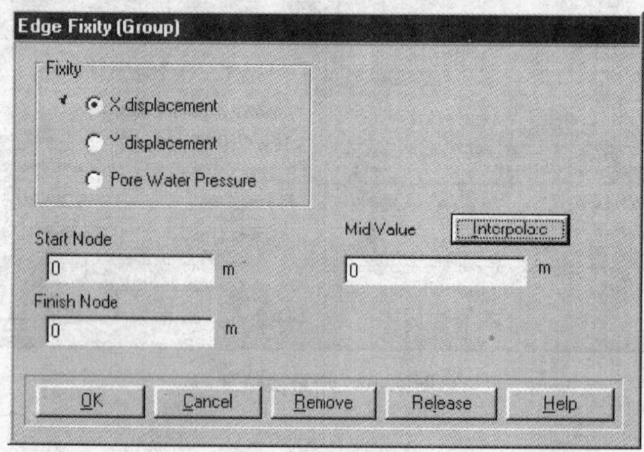

图 9.18　定义约束条件

(6)选择 Increment 菜单中 Fixities 对 X displacement 赋予初值 0;

(7)点击 Y displacement 并对 Y 方向的约束 Start Node,Mid Value,Finish Node 赋值为 0,点击 OK 退出本次操作;

(8)操作完成后用户界面应如图 9.19 所示,约束标志可以通过 Default Setting 对话框进行调整(Option 菜单中),保存结果。

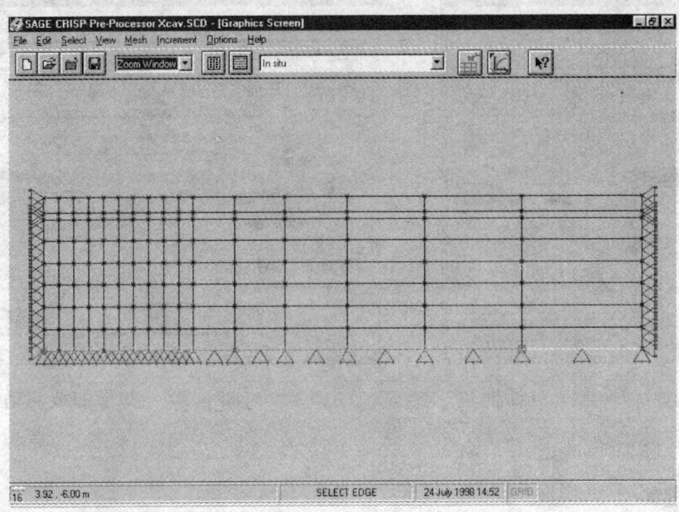

图 9.19　约束条件界面

13. 运行分析

(1)在 File 菜单中点击 Run Analysis,生成 Run Analysis 对话框如图 9.20 所示;

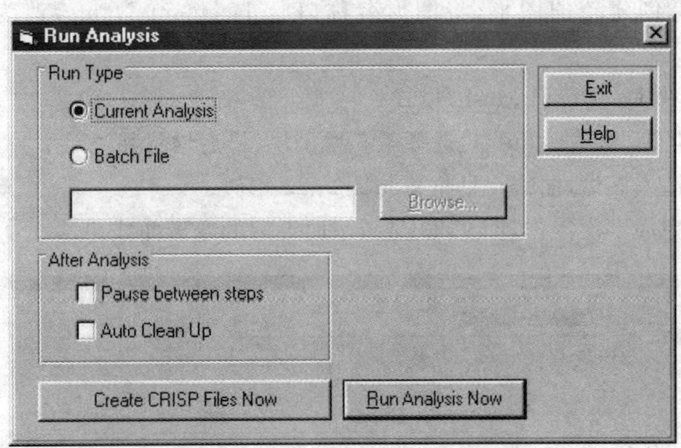

图 9.20　Run Analysis 对话框

(2)点击 Create CRISP Files Now,如果以上各步操作是正确的,用户界面将出现两个提示框,告知已经生成一个. GPR 和一个. MPD 工程文件;

(3)点击 Run Analysis Now,本工程将会自动保存,同时进入有限元计算;

(4)程序将进入 DOS 系统进行计算,并检验每一步操作是否出错,检验完毕后会生成 Analysis Docker 对话框,如图 9.21 所示;

(5)如果程序已经正确运行,点击 Post - Processor 进入 CRISP2D 后处理阶段。

警示:如果检验中发现输入数据有错,应立即放弃分析(Ctrl ＋ Break),同时重新检查工程中前处理所有的数据。如果有问题,首先检查初始应力条件和材料属性,同时检查约束条件和 Project Setup 是否正确。

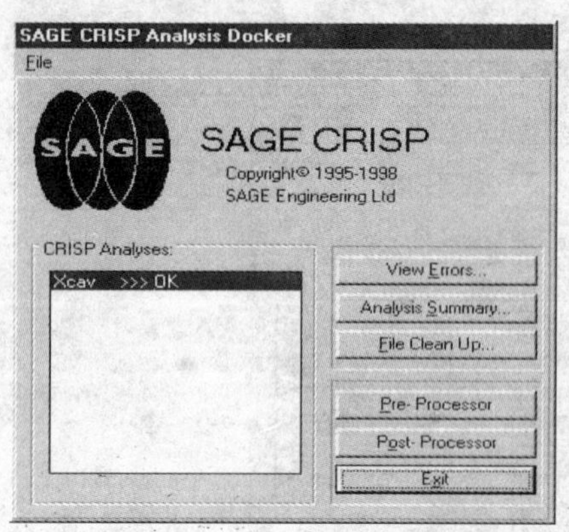

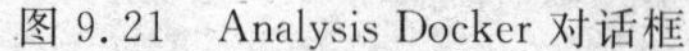
图 9.21 Analysis Docker 对话框

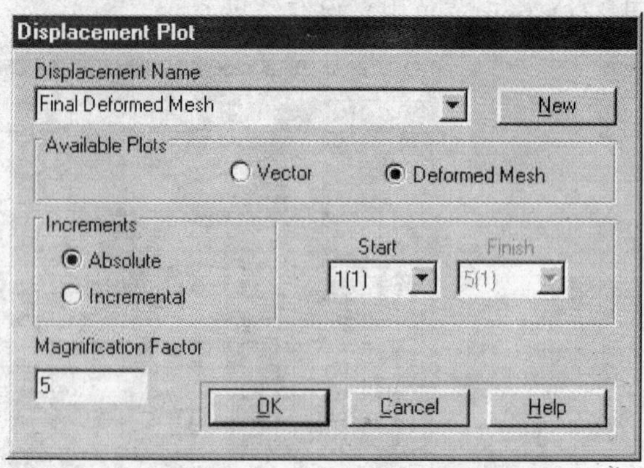

图 9.22 变形曲线对话框

9.1.3 后处理

1. 变形曲线

(1)在 Main menu 中,点击 Plot→ Displacement Plot(Deformed Mesh Plot ...),如图 9.22 所示;

(2)点击 New 创建新的图形,将图形名称(Displacement Name)改为 Final Deformed Mesh;

(3)选择变形图(Deformed Mesh)模式;

(4)选择绝对量模式(Absolute),选择第 5 增量块(最后增量块);

(5)放大倍数输入 5 倍,曲线对话框应与图 9.23 相似;

(6)点击 OK 完成本次操作,图 9.23 显示了放大后的变形曲线。

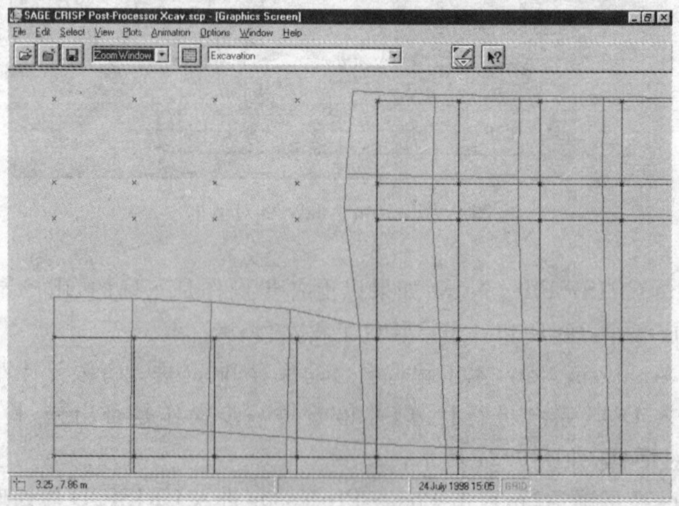

图 9.23 基坑变形图

2. 实例变形曲线

(1)在 Plots 菜单中选择 Clear Current Plot;

(2)在工具栏的 Increment Block 下拉菜单中选择 Excavate;

(3)在 Main menu 中,点击 Select→ Nodes;

(4)从左到右选中开挖土体表面所有的点;

(5)从 Main menu 中选取 Plot→ Instance Graphs,生成实例曲线对话框,如图 9.24 所示;

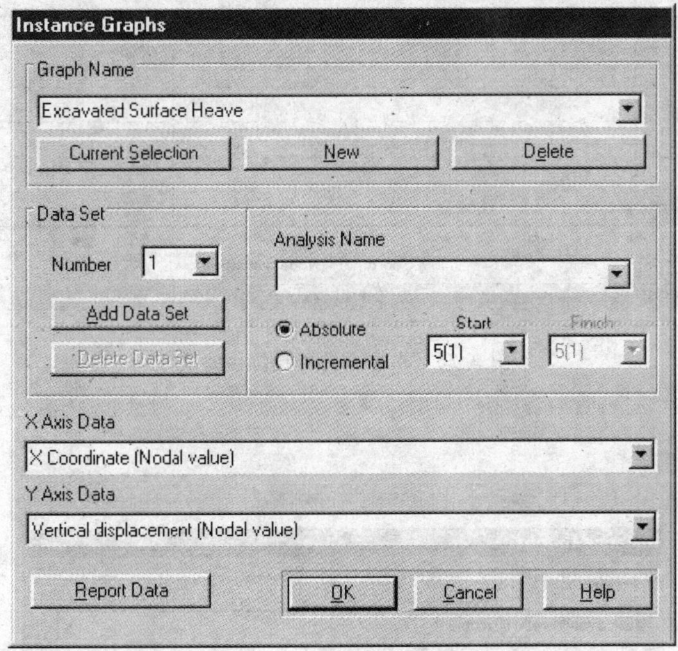

图 9.24　实例曲线对话框

(6)点击 New,生成新的图表,重新命名为 Excavated Surface Heave;

(7)选中 Absolute,将初始值(Start)设置为 5;

(8)选择 X Coordinate (Nodal value)作为 X 轴,Vertical displacement (Nodal value)作为 Y 轴;

(9)完成后点击 OK ,生成的图表如图 9.25 所示;

(10)在 Select 菜单中点击 Clear Selection;

(11)选中开挖体表面从上到下的所有点;

(12)从 Main menu 中选取 Plot→ Instance Graphs,生成实例曲线对话框,如图 9.26 所示;

(13)点击 New,生成新的图表,重新命名为 Excavation Side Movement;

(14)选中 Absolute,将初始值(Start)设置为 5;

(15)选择 Horizontal displacement 作为 X 轴,Y Coordinate(Nodal value)作为 Y 轴;

(16)完成后点击 OK ,生成的图表如图 9.27 所示;

SAGE CRISP Post-Processor Xcav.scp - [Excavated Surface Heave]
File Edit Select View Plots Animation Options Window Help
Zoom Window
Excavation
Vertical displacement (Nodal value) / X Coordinate (Nodal value)
Vertical displacement (Nodal value) (m)
0.097
0.091
0.084
0.078
0.071
0.065
0.059
0.052
0.046
0.039
0.033
0.00
0.57
1.14
1.71
2.29
2.86
3.43
4.00
X Coordinate (Nodal value) (m)
3.92 , 5.54 m
SELECT NODE
24 July 1998 15:08
GRID

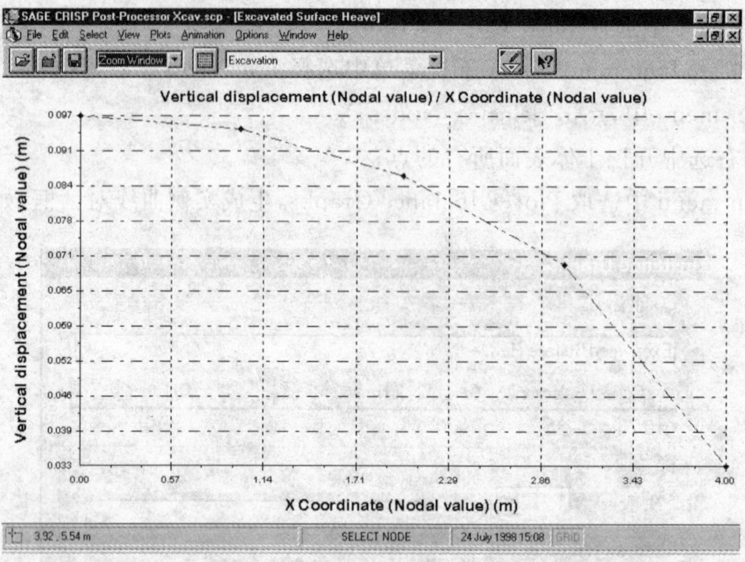

图 9.25　水平方向竖直位移曲线

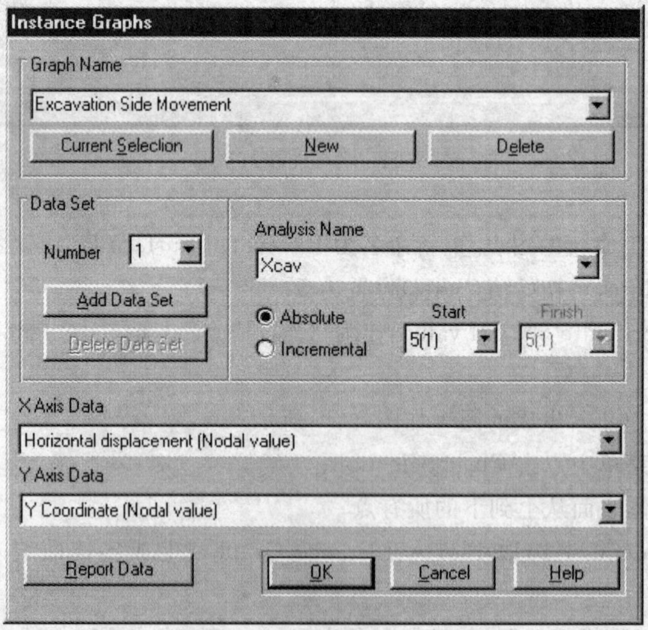

Instance Graphs
Graph Name
Excavation Side Movement
Current Selection
New
Delete
Data Set
Number
1
Add Data Set
Delete Data Set
Analysis Name
Xcav
Absolute
Incremental
Start
5(1)
Finish
5(1)
X Axis Data
Horizontal displacement (Nodal value)
Y Axis Data
Y Coordinate (Nodal value)
Report Data
OK
Cancel
Help

图 9.26　实例图创建窗口

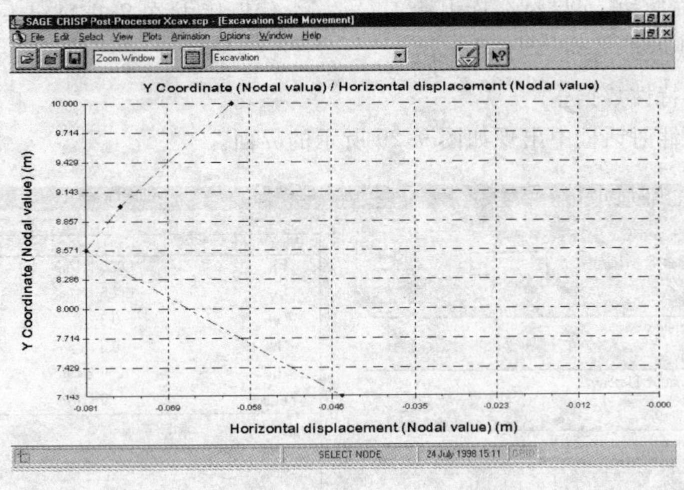

图 9.27　竖直方向水平位移

(17)参照前例,制作不同点的历程曲线图并作比较,如图 9.28 所示。

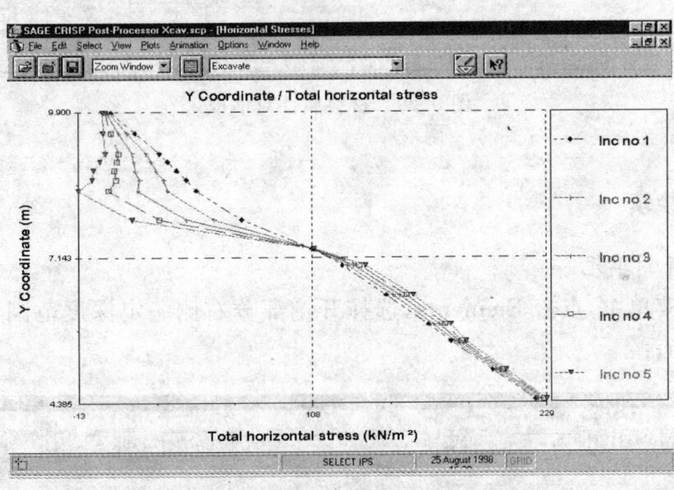

图 9.28　水平应力历程曲线的比较

9.2　基坑支护数值模拟

9.2.1　启动

在文件菜单中,点击打开文件并从目录中选取.SCD 格式的文件,例子将会出现在用户界面中。

9.2.2　定义一种新的材料

(1)在 Mesh 菜单中选择 Material Properties ...,在对话框中出现材料的特性如图 9.29 所示;

(2)点击 New 按钮，在材料名称中输入 Concrete Wall，并在 Soil Models 菜单中选取 Anisotropic Elastic 状态；

(3)输入材料特性数据；

(4)在材料特性对话框中出现如图 9.29 所示的界面。

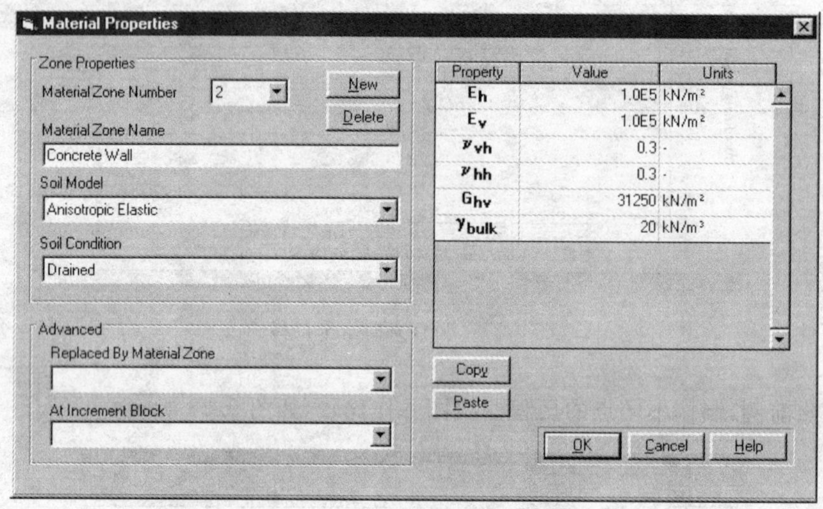

图 9.29　材料属性对话框

9.2.3　材料换填

1. 定义超级强制单元

(1)在 Select 菜单中，点击 Elements，选择开挖部分右侧一定深度范围内的土体，出现如图 9.30 所示的界面；

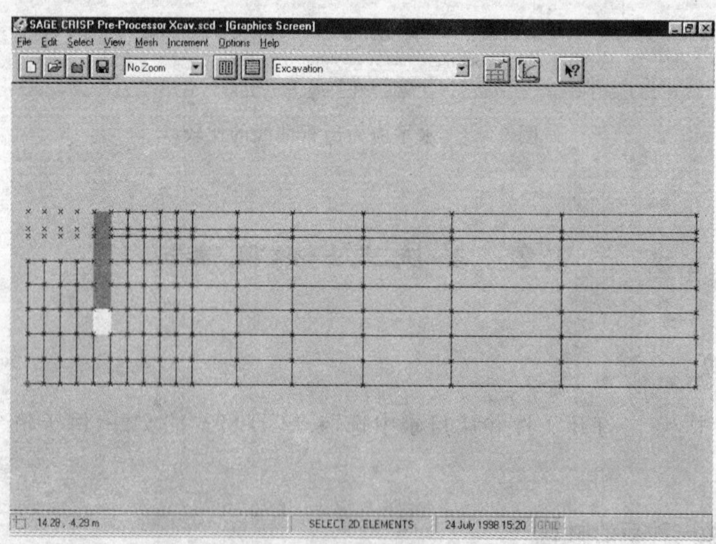

图 9.30　超级强制单元

(2)在 Mesh 菜单中,点击 Super Impose Elements 出现如图 9.31 所示的对话框;

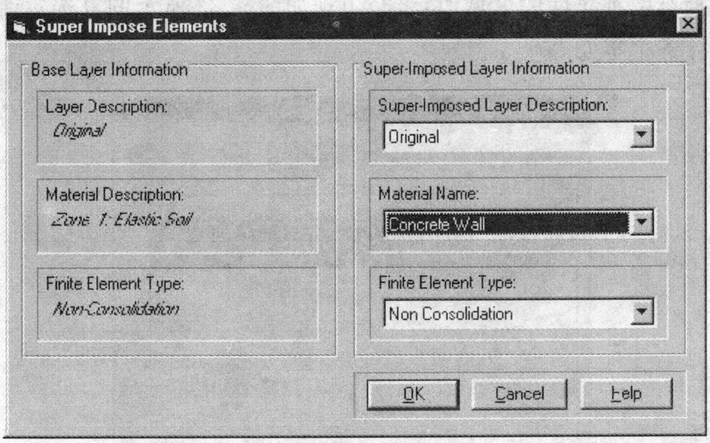

图 9.31　强制单元对话框

(3)把该区域命名为 Wall,在 Material Name 菜单中选取 Concrete Wall,并在 Finite Element Type 中选择 Non Consolidation;

(4)点击 OK 退出。

2. 创建交换模块

(1)在 Increment 菜单中,点击 Define Increment Block Parameters...,显示模块信息对话框如图 9.32 所示;

(2)点击 Insert,将在 Excavate Increment 之前增加一个模块;

(3)在 Description of block 中将 Increment Block(untitled)改为 Install Wall,并将 Number of Increments 值设定为 2;

(4)此时 Increment Block Information 对话框应如图 9.32 所示;

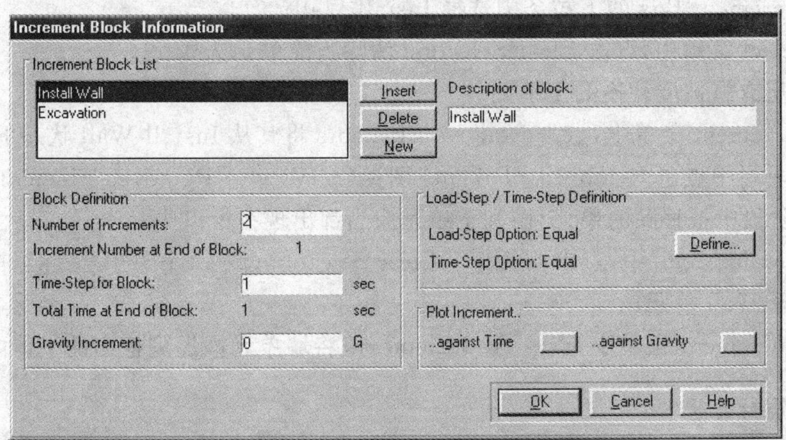

图 9.32　添加模块信息窗口

(5)点击 OK 退出。

3. 材料的替换

当点击一个拥有两种属性的区域时，将会出现如图 9.33 所示的复选对话框。此时应用各单元的属性来区分各个单元。

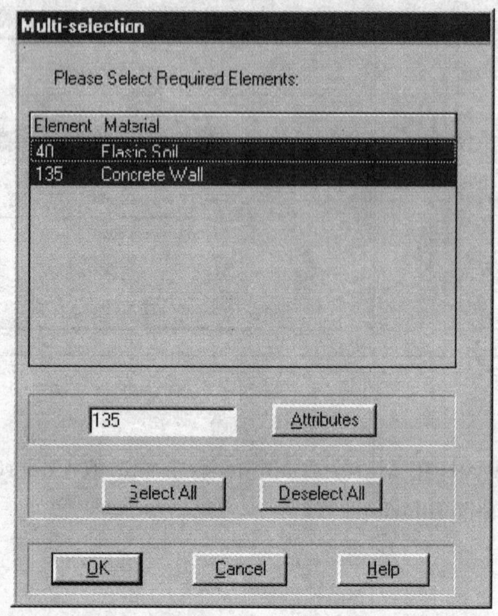

图 9.33 复选对话框

(1)在工具栏的 Increment 下拉框中选择 In situ 状态；

(2)在 Select 菜单中，点击 Clear Selection 清除当前单元选择；

(3)选择有双重材料属性的区域，在复选框选中 Wall Elements；

(4)在 Increment 菜单中，点击 Remove Elements 从 in situ 中移除 Wall；

(5)在 Increment Box 的下拉条中选择 Install Wall；

(6)在 Select 菜单中，点击 Clear Selection 清除当前单元选择；

(7)选中所有将被墙替换的土单元；

(8)在 Increment 菜单中，点击 Remove Elements 将其从 Install Wall 状态下移除；

(9)在工具栏中点击 Removed Elements 图标(或 View→ Removed Element)显示之前在 Install Wall 阶段中被移除的单元，墙和土单元应当都出现在窗口中；

(10) 在 Main Menu 中，点击 Select→ Clear Selection(或 Ctrl ＋ L)清除当前单元选择；

(11) 选择 Wall 单元；

(12)在 Increment 菜单中，点击 Add Elements 将墙单元添加到挖出的土体中。

9.2.4 运行分析

(1)在 Main Menu 中，点击 File→ Run Analysis...，显示 Run Analysis 对话框(见图 9.34)；

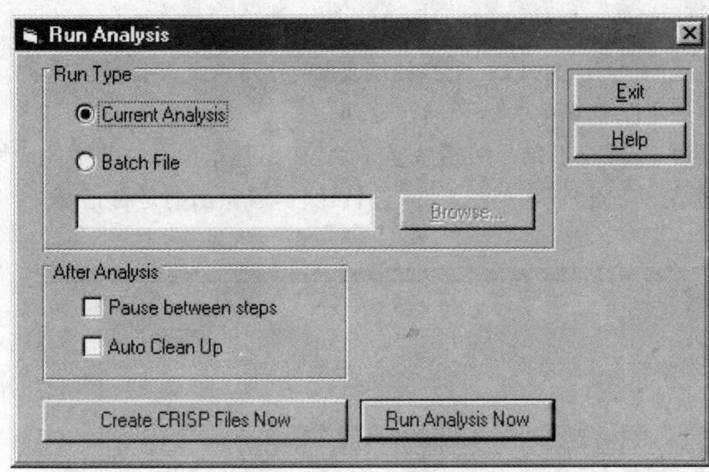

图 9.34　Run Analysis 对话框

(2)点击 Create CRISP Files Now,程序进入 DOS 开始检验,如检验无误,将生成.GPR 和.MPD 两个文件;

(3)点击 Run Analysis Now,将会立刻保存文件,并运行有限元分析;

注意:如果错误超过 1%表明输入数据有误,应立即退出分析(点击 Ctrl + Break),检查前处理中的所有数据。

若有问题,首先检查初始应力条件,再检查材料属性,并检查约束条件是否定义正确,工程设置是否正确。

(4)分析完成后,输出将生成一个 Microsoft Access 2.0 数据库,显示 Analysis Docker 对话框(见图 9.35),若运行无误,点击 Post - Processor 继续后处理。

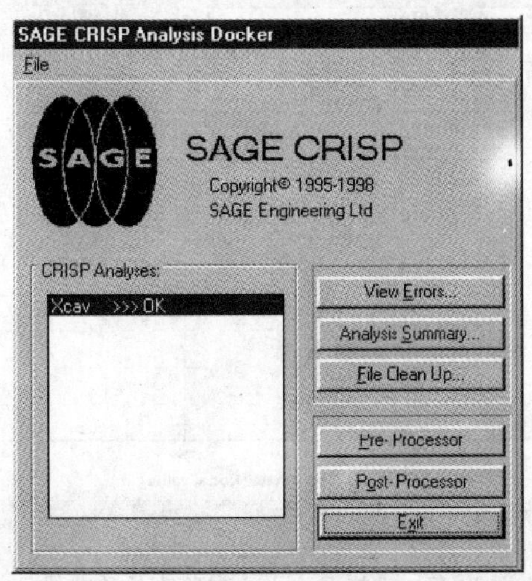

图 9.35　Analysis Docker 对话框

9.2.5 后处理

两次后处理生成的.SCD文件(一个有挡墙支护,另外一个没有挡墙支护)是相同的,本例中的深度变形图参照本章9.1中的例子进行处理。

加入刚性挡墙后,生成变形结果时模块是7块,而不是本章上一节中的5块。

将自己做出的结果与图9.36至图9.38进行比较,看做出的是否正确。

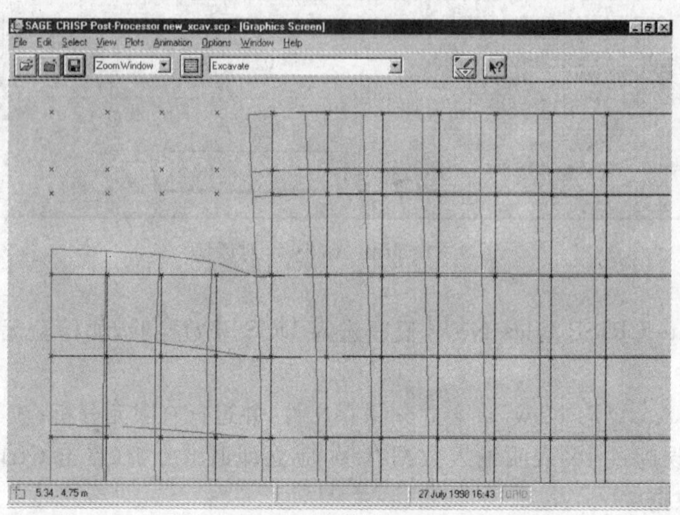

图9.36 支护后基坑变形图

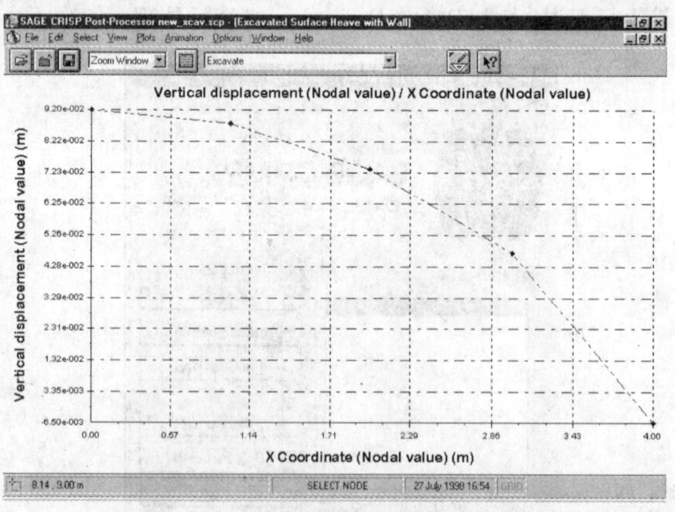

图9.37 支护后水平方向竖直位移曲线

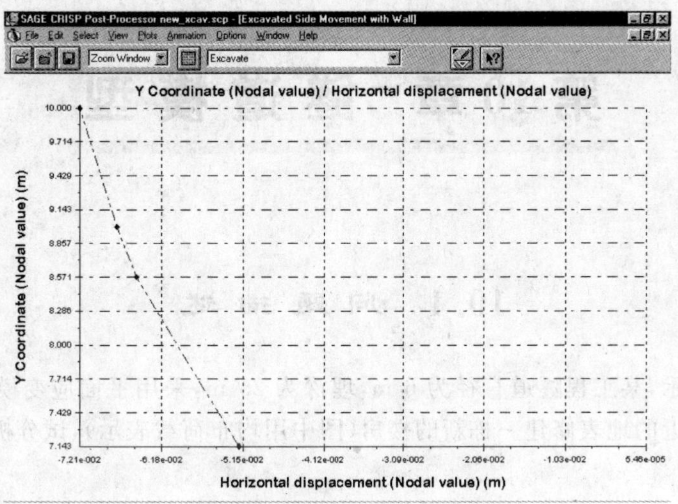

图 9.38　支护后竖直方向水平位移曲线

9.3　小　　结

(1)如何建立超级节点、超级单元？超级单元中边的等分方式和非等分方式的操作。

(2)在生成超级强制单元时应注意的事项。

(3)刚性墙体的添加和移除，边界约束条件的定义。

(4)参照本例计算柔性挡墙的支护。

第 10 章 隧道模型

10.1 问题描述

如图 10.1 所示，某工程隧道直径为 6 m，埋深为 25 m，采用平面应变模型。由于工程要求，需要在隧道附近的地表修建一栋新的楼房(图中用均布荷载表示)，试分析新建筑物对隧道的影响。

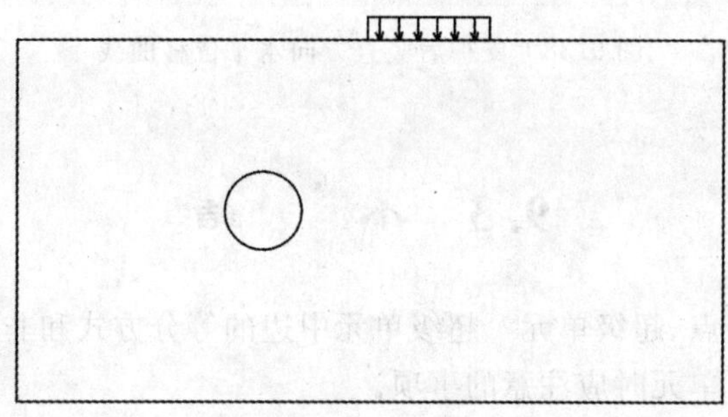

图 10.1 隧道模型示意图

10.2 隧道开挖与支护模拟

为简明起见，本节重点讲述隧道模型的前处理过程。计算过程和后处理过程可以参考其他章节。

前处理：

(1)在 Windows 系统中打开 Crisp2D，并在网格类型菜单中选择 Structured Super Mesh，在所生成的工程设置对话框中域类型选择 Plane Strain，元素类型选择 All Other Element；

(2)在 Main menu 中，点击 Option→Units，设置单位；

(3)点击 Mesh 菜单下拉框中的 Super Nodes List，生成超级坐标对话框，输入坐标点坐标，如图 10.2 所示；

(4)在 Main menu 中，点击 Mesh→Create Elements，点击鼠标依次生成如图 10.3 所示的四个面单元(图中 5,6,7,8 组成的矩形没有依次连接)；

(5)选择 Select 菜单中的 Super Edges 命令，同时点击鼠标左键选中较大矩形的四条边；

(6)点击 Main menu 中 Mesh → Super Edge Grading，将所选中的 4 条边界等分为 4 等份(4 divisions 和 Equal)，操作完成后点击 Select → Clear Selection；

(7)选择四条倾斜的边(点击靠近小矩形的一侧)，将其分为 4 份(4 divisions)，使后一节线

段是前一节的 5 倍(5 Factors),如图 10.4 所示,清除线段的选中状态;

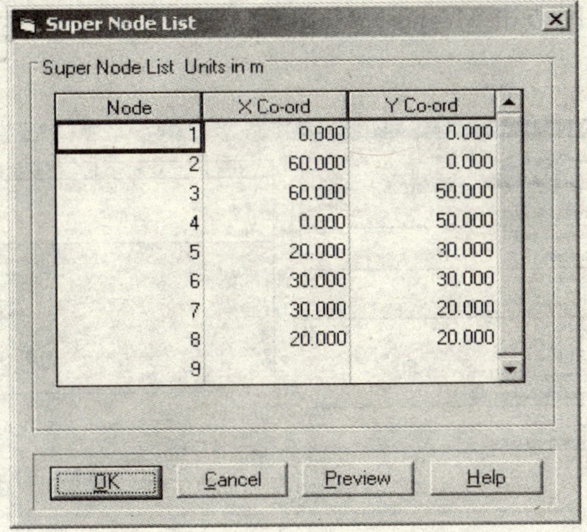

Node	X Co-ord	Y Co-ord
1	0.000	0.000
2	60.000	0.000
3	60.000	50.000
4	0.000	50.000
5	20.000	30.000
6	30.000	30.000
7	30.000	20.000
8	20.000	20.000
9		

图 10.2　超节点坐标对话框

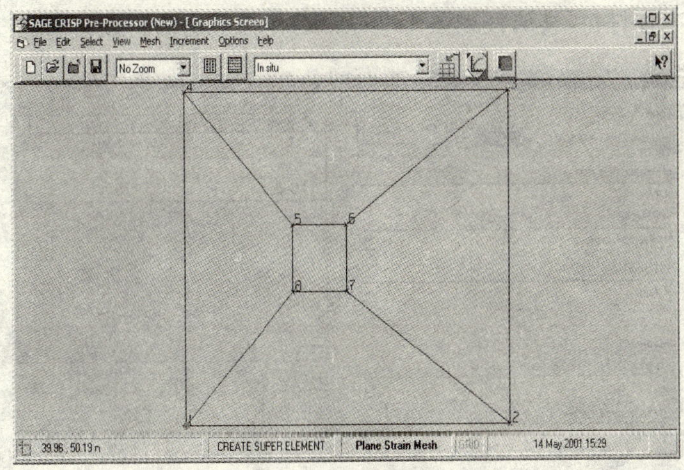

图 10.3　超级网格框架

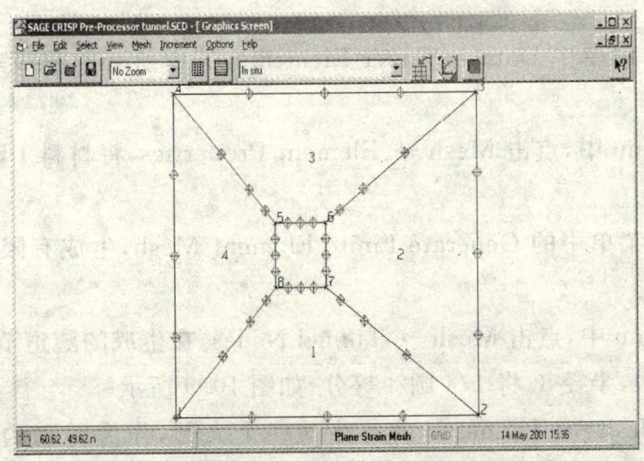

图 10.4　分段后的线段

(8)在 Main menu 中,点击 Mesh → Material Properties,在材料属性单元框中键入如图 10.5 所示的数据;

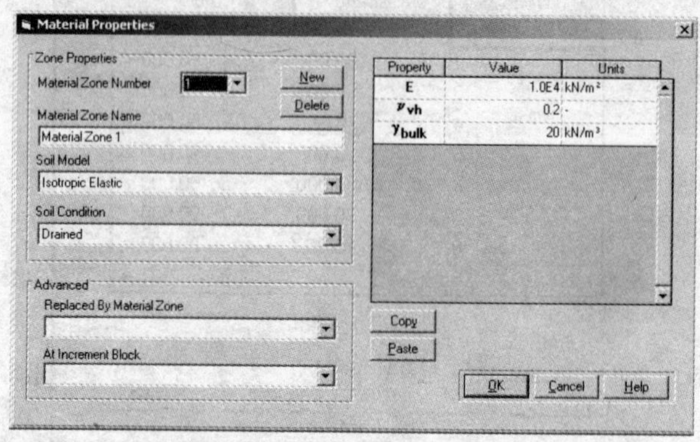

图 10.5　材料 1 属性对话框

(9)定义另外一种材料,其属性如图 10.6 所示,作为隧道的衬砌材料;

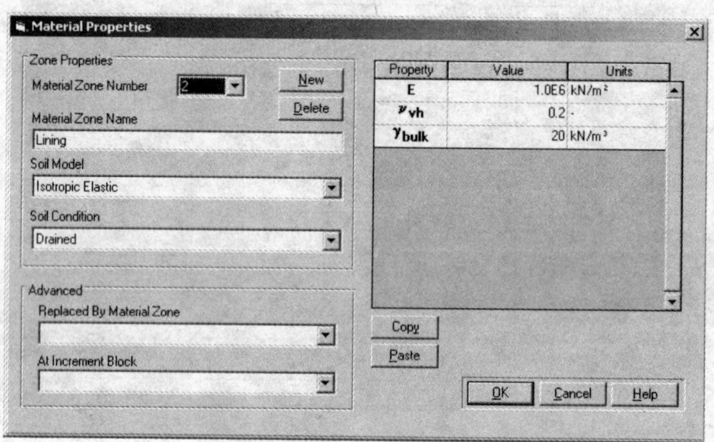

图 10.6　材料 2 属性对话框

(10)点击 Select 菜单中 Domain Super Elements,选中所有的超级单元(Select→ Select All);

(11)在 Main menu 中,点击 Mesh → Element Properties,将材料 1 赋予给所选中的超级单元,如图 10.7 所示;

(12)点击 Mesh 菜单中的 Generate Finite Element Mesh,生成有限元网格,此时的用户界面如图 10.8 所示;

(13)在 Main menu 中,点击 Mesh → Tunnel Nodes,在生成的隧道节点设置对话框中,输入其圆心坐标(25,25),半径 3,将 1/4 圆 4 等分,如图 10.9 所示;

(14)再次点击 Mesh → Tunnel Nodes,生成一个大圆,作为衬砌的外边界,如图 10.10 所示;

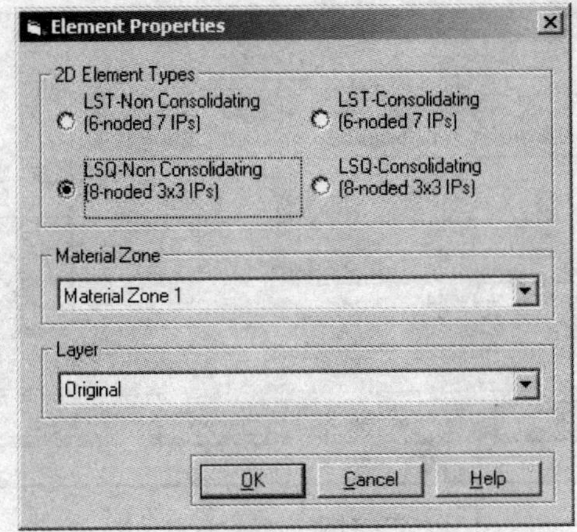

图 10.7　单元属性对话框

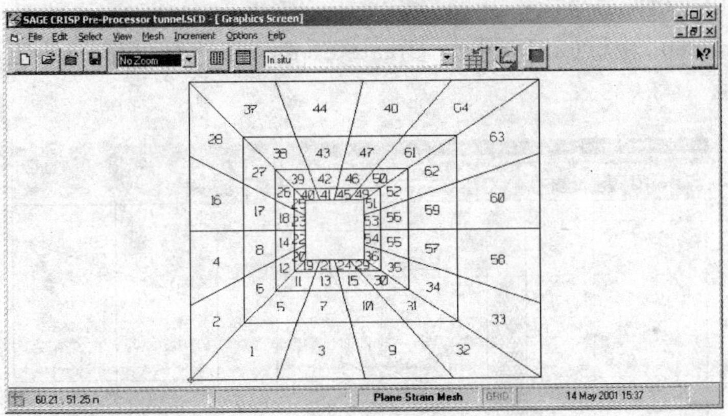

图 10.8　有限元网格单元

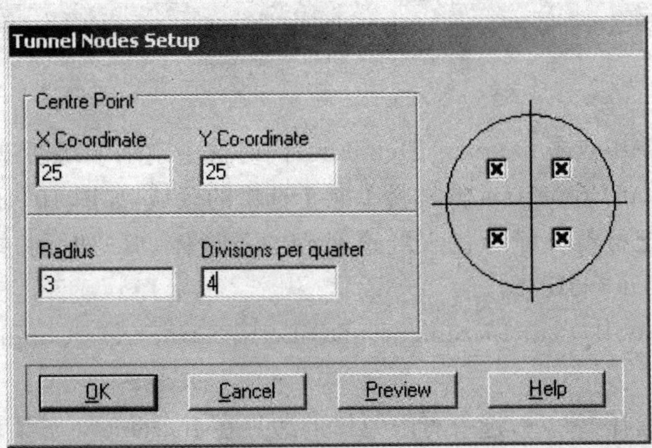

图 10.9　隧道节点设置对话框

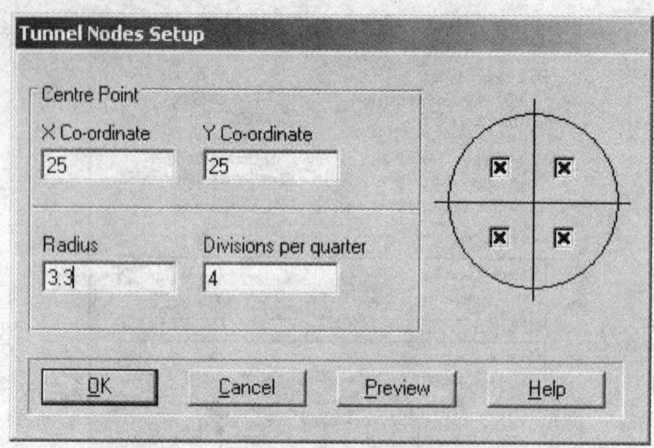

图 10.10　衬砌边界设置对话框

(15)点击 Mesh 菜单中的 Super Node List,在超节点对话框的最后输入圆心坐标值,点击 OK,在用户界面中生成圆心坐标;

(16)在 Main menu 中,点击 Mesh → Create Elements,将空白部分(小矩形内)单元化,如图 10.11 所示;

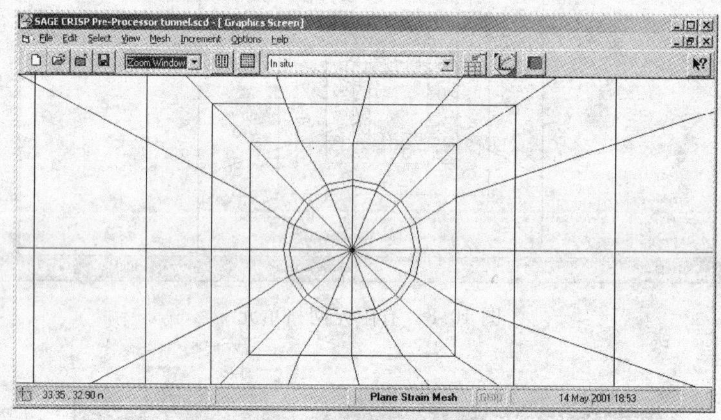

图 10.11　超级强制单元

(17)在 Select 菜单中点击 Domain Elements,同时选中刚刚手动创建的三角形单元,选择 Mesh 菜单中的 Element Properties 将材料 1 赋予选中的区域,如图 10.12 所示;

(18)重复上一步把材料 2 赋予代表隧道衬砌的条形体,但此时的单元类型应选择 LSQ Consolidating(8－noded 3x3IPs);

(19)在 Main menu 中,点击 Increment→Define In Situ Stress Conditions,键入数据后如图 10.13 所示;

(20)点击 Select 选择 Edges,选中有限元体的边界在 Increment 子菜单中选择 Fixities,对边界进行约束,约束完成后用户界面如图 10.14 所示,到此为止,土体的原始网格状态已经定义完成,现在需要引入代表隧道衬砌的新材料;

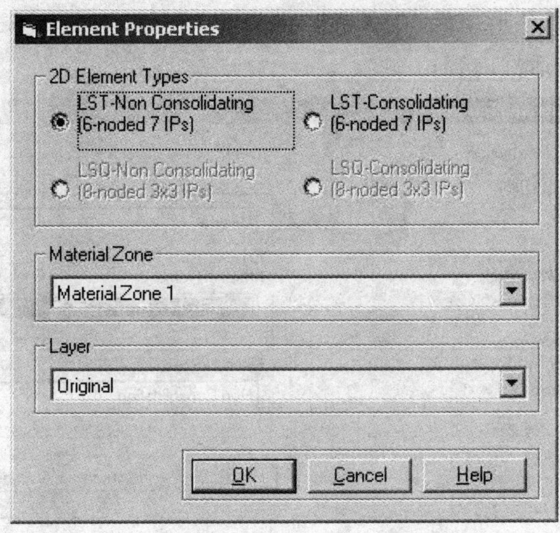

图 10.12　材料属性对话框

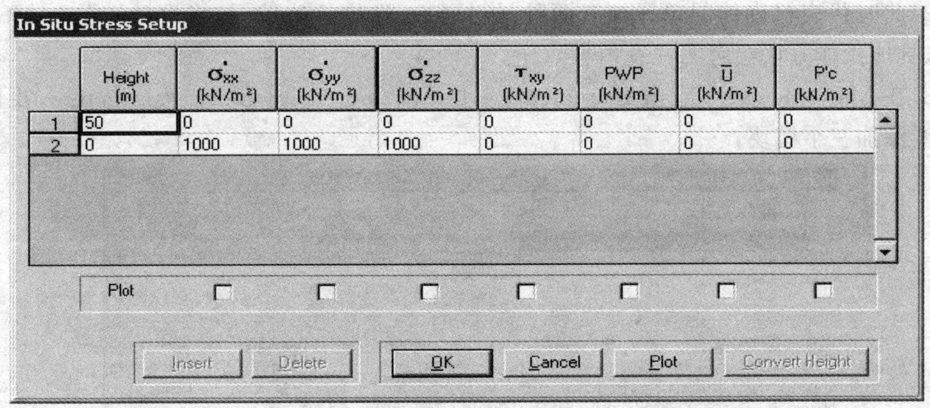

图 10.13　初始应力状态表

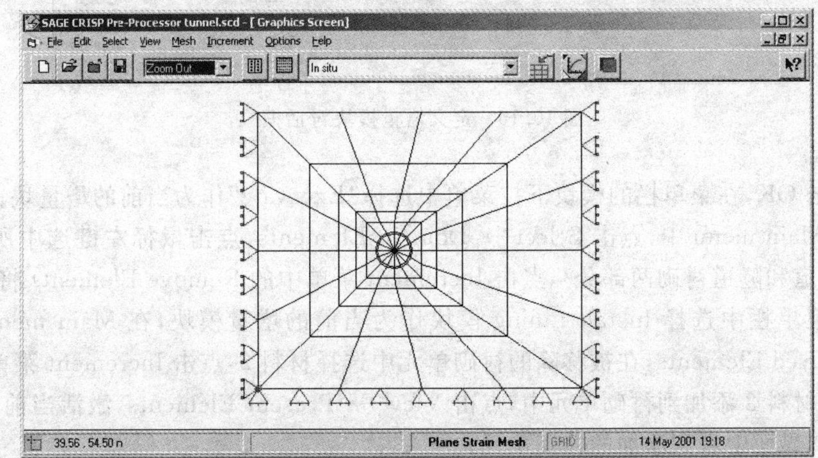

图 10.14　有限元边界约束界面

(21)选中代表衬砌的条形单元,在 Main menu 中,点击 Mesh → Super Impose Elements,如图 10.15 所示,填写对话框内容;

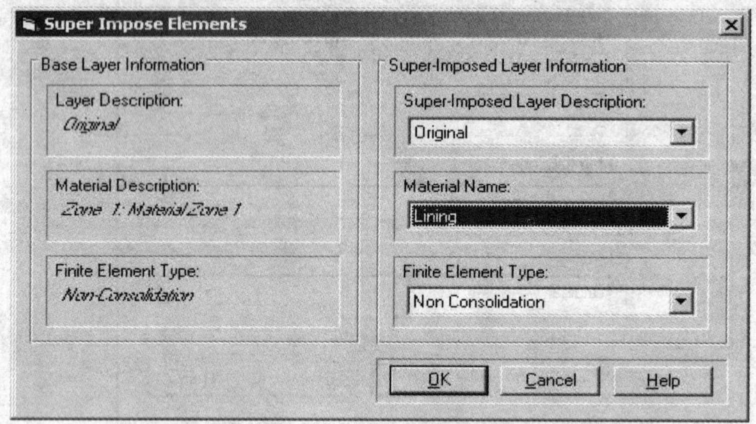

图 10.15　超级强制单元对话框

(22)此时代表衬砌体的单元拥有两种材料属性,选中这些单元,将材料 2 在 In situ 状态下移除(具体操作方法参考第 9 章内容);

(23)在 Main menu 中,点击 Increment → Define Increment Block Parameters,并且按照图 10.16 添加三个模块;

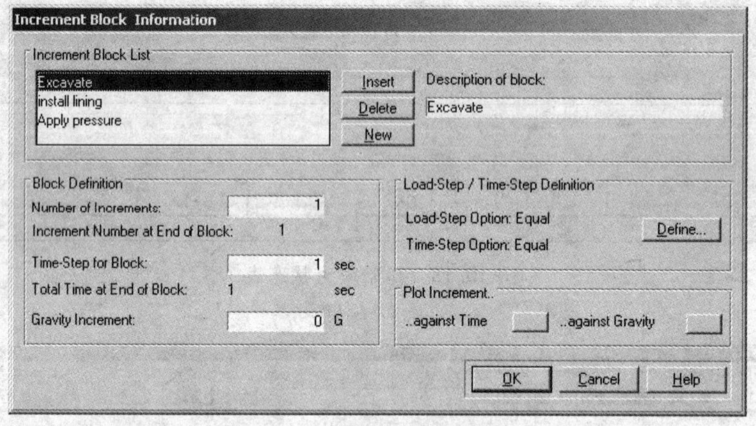

图 10.16　定义增量模块对话框

(24)点击 OK,在菜单栏的模块下拉菜单中选择"Excavate"作为当前的增量块;

(25)在 Main menu 中,点击 Select → Domain Elements,点击鼠标左键选中所要挖除的单元(包括隧道和隧道衬砌两部分),点击 Increment 菜单中的 Remove Elements 将其移除;

(26)在菜单栏中选择 Install Lining 模块作为当前的增量模块,在 Main menu 中,点击 View→Removed Elements,在被移除的衬砌单元中选择材料 2,点击 Increment 菜单中的 Add Elements,将材料 2 添加到衬砌单元中,点击 View → Present Elements,激活当前工作窗口,就可以在用户界面中看到添加的衬砌单元;

(27)在模块菜单的下拉框中选择 Apply pressure,点击 Select → Edges,点击所要添加荷载的边,如图 10.17 所示;

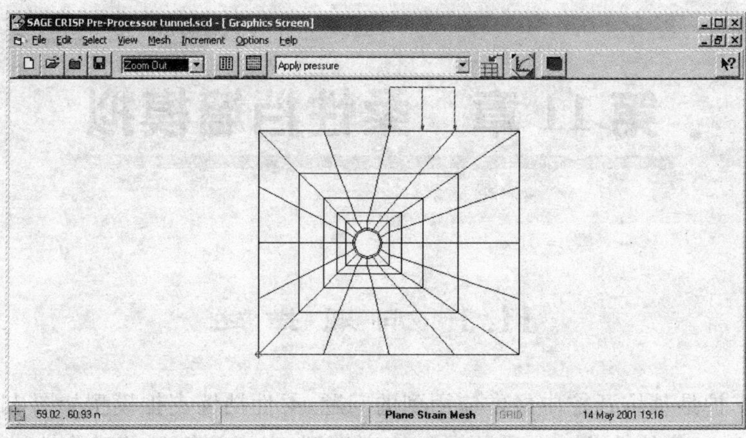

图 10.17　对模拟体添加荷载

(28)在 Main menu 中，点击 Increment → Loads，对模型添加适当的荷载，如图 10.18 所示。

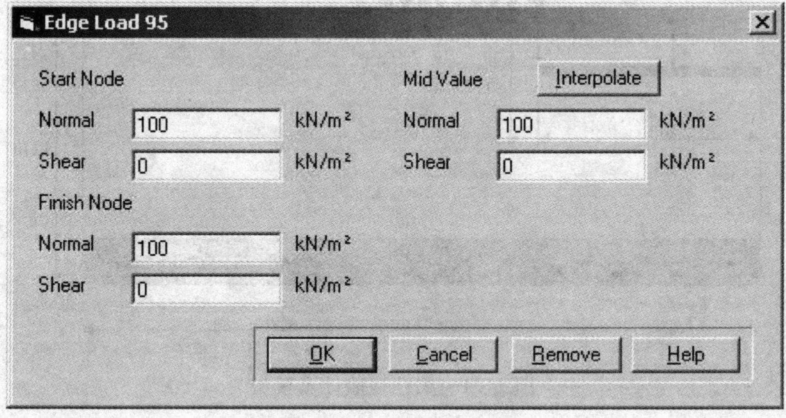

图 10.18　边界荷载对话框

10.3　小　　结

(1)用轴对称模型模拟隧道施工过程。

(2)掌握如何建立不同断面隧道的节点和单元。

(3)隧道施工过程的模拟。

第 11 章　柔性挡墙模拟

11.1　问题描述

柔性挡墙支护是基坑开挖中经常应用到的问题，柔性挡墙支护模型如图 11.1 所示。基坑开挖深度为 3.4 m，宽度为 20 m，采用平面应变模型，考虑到模型的对称性，计算开挖宽度为 10 m，边界条件如图 11.1 所示，其他力学性能指标如图 11.8 至图 11.12。

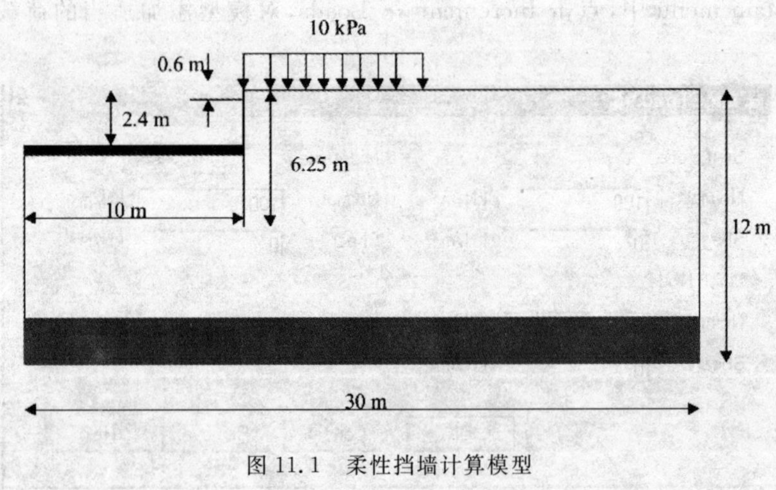

图 11.1　柔性挡墙计算模型

11.2　前处理

11.2.1　创建网格单元

(1)在开始菜单中打开 Crisp2D 前处理程序，点击 File→New Project→Structured Super Mesh；

(2)在工程设置对话框的 Element Type 类型中选择 All Other Element，然后点击 OK 完成本次操作；

(3)在 Main menu 中，点击 Mesh→Super Node List，在超级节点坐标对话框中键入表 11.1 所示的数据；

(4)点击 Mesh 菜单中 Create Super Elements，创建如图 11.2 所示的超级网格单元；

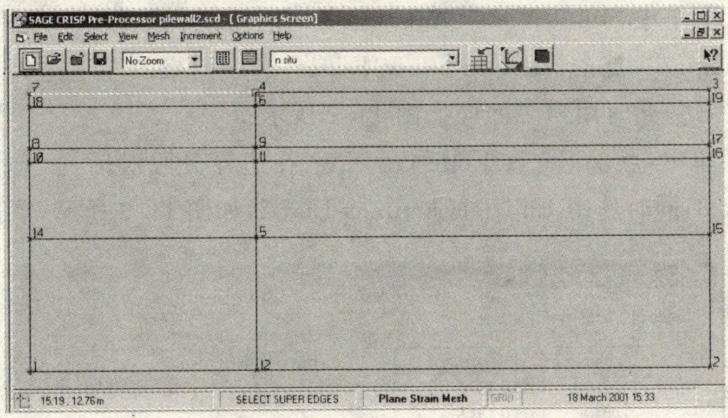

图 11.2　超级网格单元

表 11.1　超节点坐标表

Node	X - Coord	Y - Coord
1	0	0
2	30	0
3	30	12
4	10	12
5	10	5.75
6	10	11.4
7	0	12
8	0	9.6
9	10	9.6
10	0	9
11	10	9
12	10	0
13	0	9
14	0	5.75
15	30	5.75
16	30	9
17	30	9.6
18	0	11.4
19	30	11.4

(5)点击 View 菜单中 Super Node Numbers 查看各节点标号；

(6)在 Main menu 中，点击 Select→Super Edges，选中网格的左上边界，选择时应点击靠近右侧点(点 4)的一边，此时用户界面应如图 11.2 所示；

(7)在 Mesh 菜单中，点击 Super Edge Grading，在边界分段对话框 No. Divisions 中键入 4，Factor(k)中键入 3，同时选中 End 1 is k times End 2，如图 11.3 所示，点击 OK；

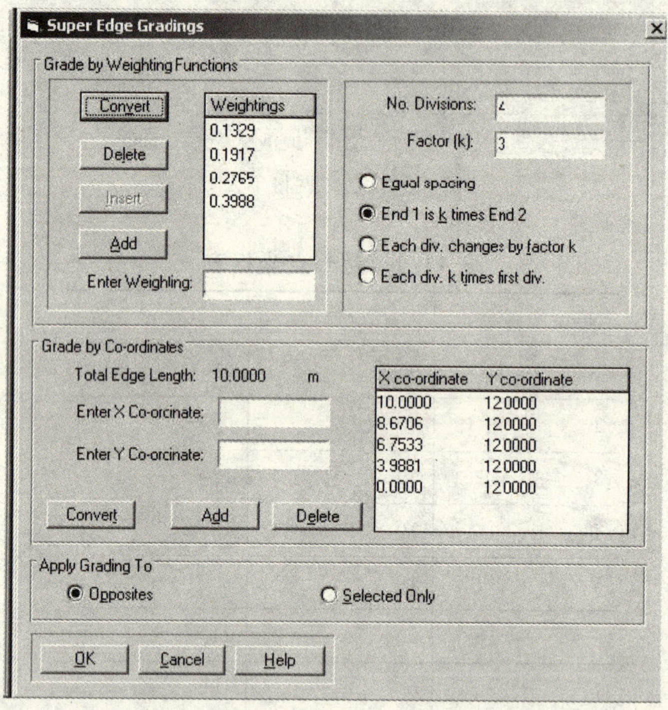

图 11.3　边界分段对话框(a)

(8)在 Main menu 中，点击 Select→ Clear Selection，或应用快捷键 Ctrl ＋ L，清除边界的选中状态；

(9)选择右上部的水平边界(靠近点 4)，点击 Mesh 菜单中的 Super Edge Grading，对所选边界进行分段，输入数据如图 11.4 所示(5 divisions，3 factors)；

(10)清除当前选中的边界(Select → Clear Selection)；

(11)选择节点 7 和 18 间的边界，将其 1 等分(1 division，Equal Spacing)，如图 11.5 所示；

警告：如果边界 1 等分(即没有进行分段)，也应选中边界输入 1 等分点，否则程序可能无法正常运行。

(12)清除当前选择，点击 8 和 18 之间的边界，将该边界 2 等分(Mesh → Super Edge Grading)；

(13)清除当前选择，点击点 1 和点 14 之间的边界，点击时靠近点 14，点击 Mesh → Super Edge Grading，将该边界分段，如图 11.6 所示(3 divisions，3 factors)。

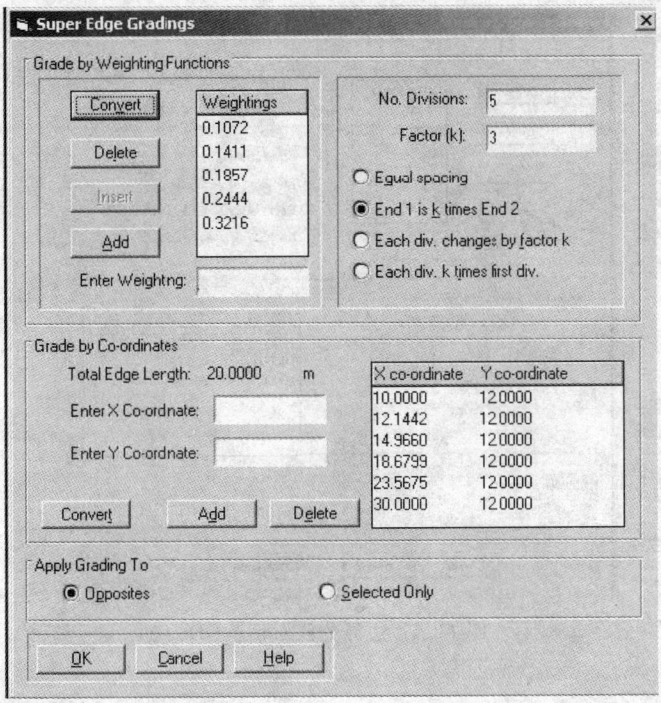

图 11.4　边界分段对话框(b)

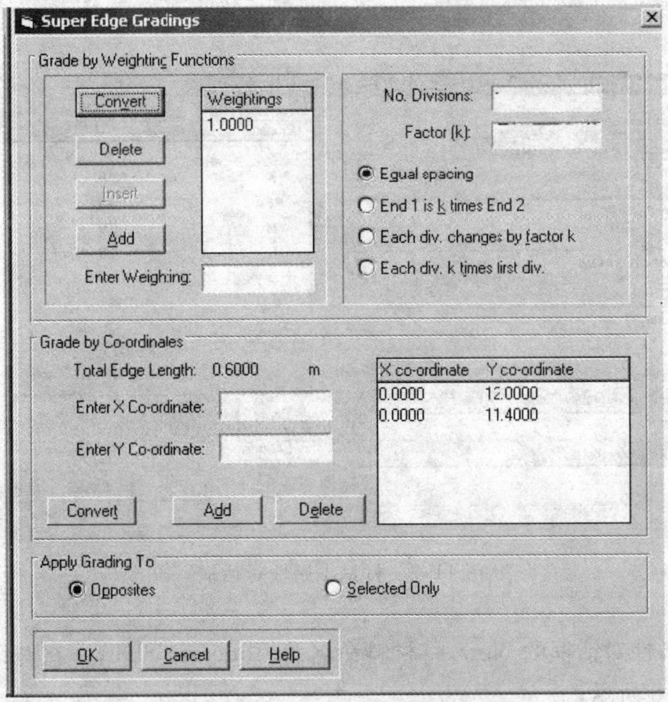

图 11.5　边界分段对话框(c)

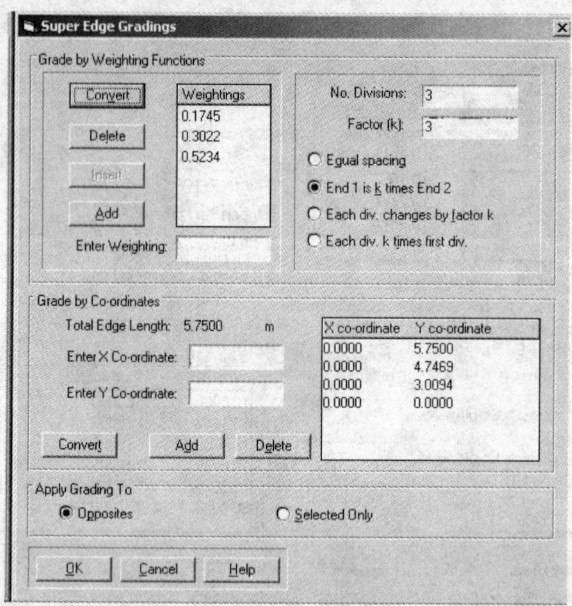

图 11.6　边界分段对话框(d)

11.2.2　定义材料

(1)在 Main menu 中,点击 Mesh → Material Properties,定义第一种材料,如图 11.7 所示;

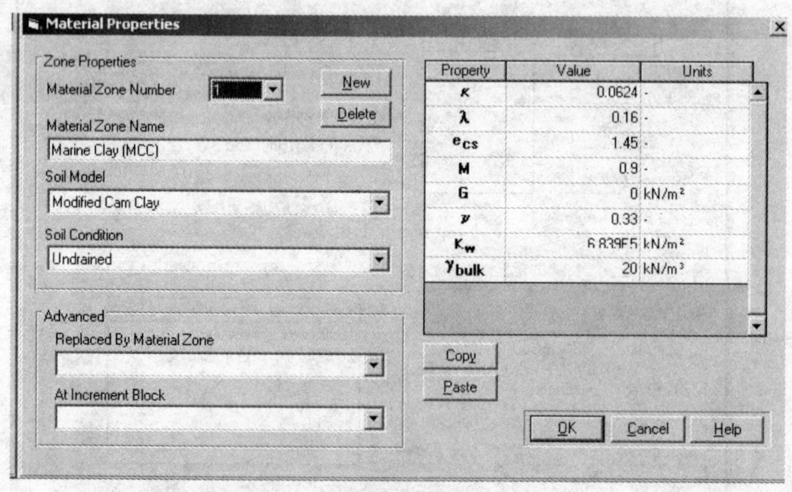

图 11.7　材料 1 属性对话框

(2)点击材料属性对话框的 New,将材料命名为 Concrete Slab,并在对话框中输入材料 2 属性数据,如图 11.8 所示;

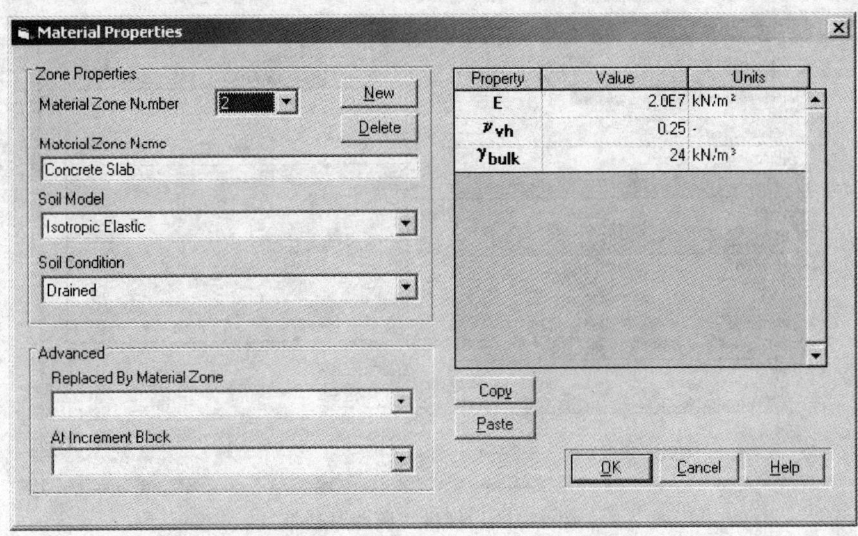

图 11.8　材料 2 属性对话框

(3)点击材料属性对话框中的 New,定义一种新材料,并将其命名为 Sheet Pile wall (beam),利用横梁解决材料的弯曲问题,如图 11.9 所示;

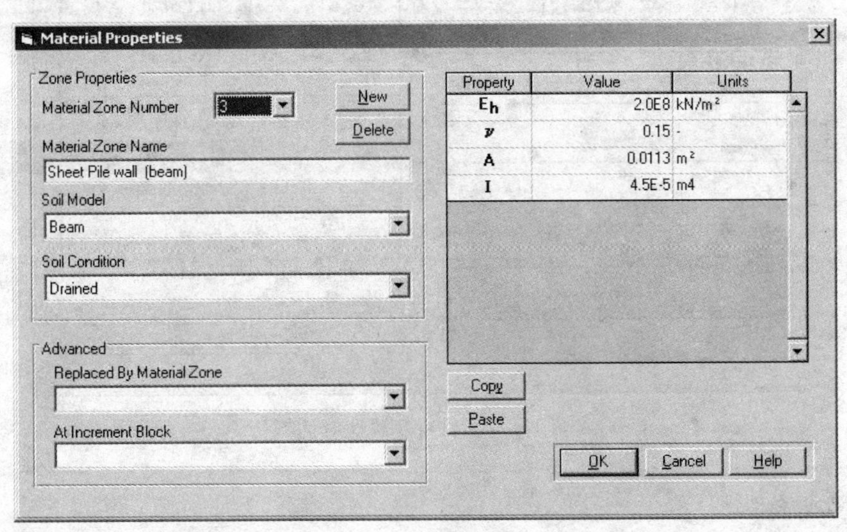

图 11.9　材料 3 属性对话框

(4)点击 New,定义第四种材料水平锚杆,在 Material Zone Name 中输入 Prop(bar),如图 11.10 所示;

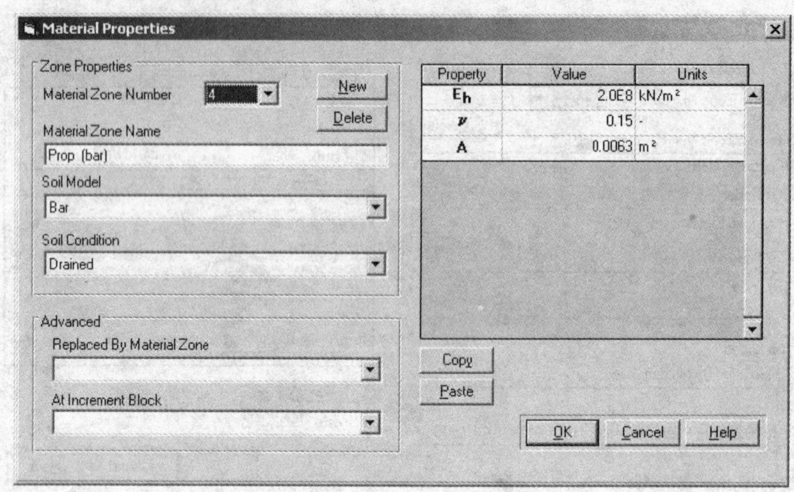

图 11.10　材料 4 属性对话框

(5)点击 New 属性条,定义第五种材料基岩(Bedrock (elastic)),如图 11.11 所示;

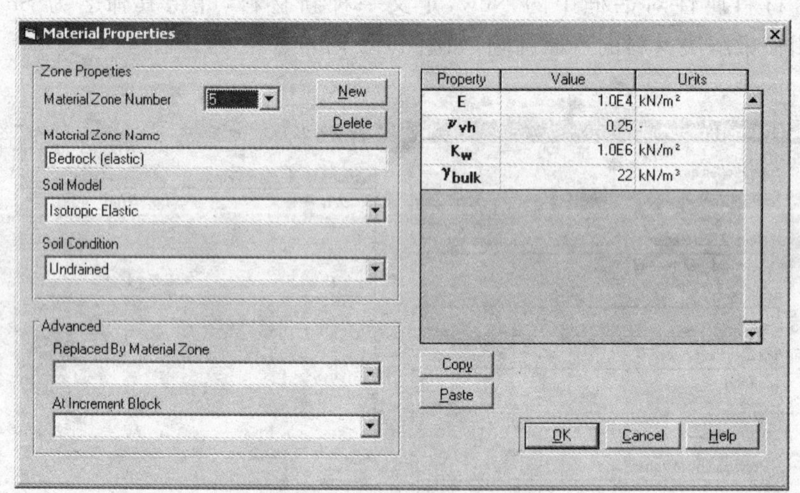

图 11.11　材料 5 属性对话框

1. 分配元素属性

(1)点击 Select → Domain Super Elements,然后点击 Select 菜单中的 Select All,选中所有的超级网格单元;

(2)在 Main menu 中,点击 Mesh → Element Properties,并在单元属性框中选择 LSQ(no-conditional),在材料域名中选择 Marine Clay(MCC),此时所有单元的属性是相同的。

2. 建立有限元网格

点击 Mesh 菜单中的 Generate Super Element Mesh,建立有限元网格,网格建立后应如图 11.12 所示,通过点击 View→Element Numbers 查看有限元单元编号。

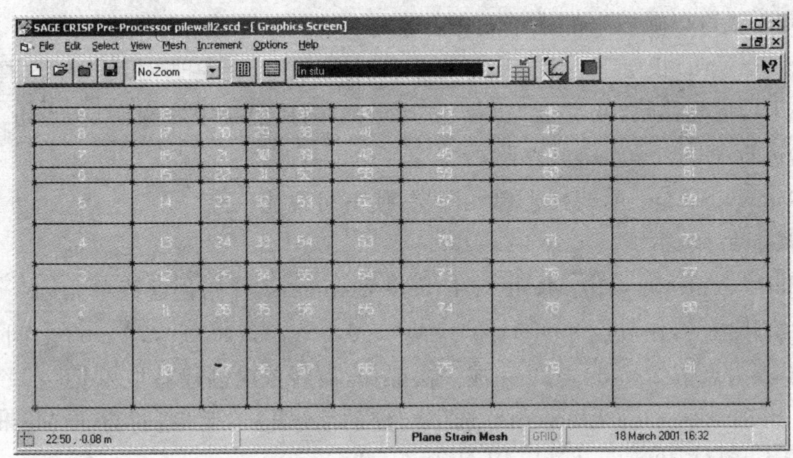

图 11.12　有限元网格

3. 定义混凝土底板单元

在开挖后添加混凝土底板，有两种方法，分别如下：

(1)方法一。

1)点击 Mesh 菜单中的 Create Elements，分别点击 6，15，22 三个单元的四个角点，这样将在三个土单元的基础上生成三个新单元；

2)选中这些新建的单元，点击 Mesh→Element Properties，赋予其新的单元属性，然后选中这些新建的单元，将它们在 In situ 状态下移除（Increment→Remove Elements)，完成本次操作。

(2)方法二（创建新图层法)。

1)选中 6，15，22 三个单元，在 Main menu 中，点击 View→Layers，在生成的图层对话框中点击 Add，键入新图层的名称，例如 Concrete Slab；

2)点击 Mesh→Super Impose Elements，将材料 2 Concrete Slab 赋予给新建图层 Concrete Slab，如图 11.13 所示；

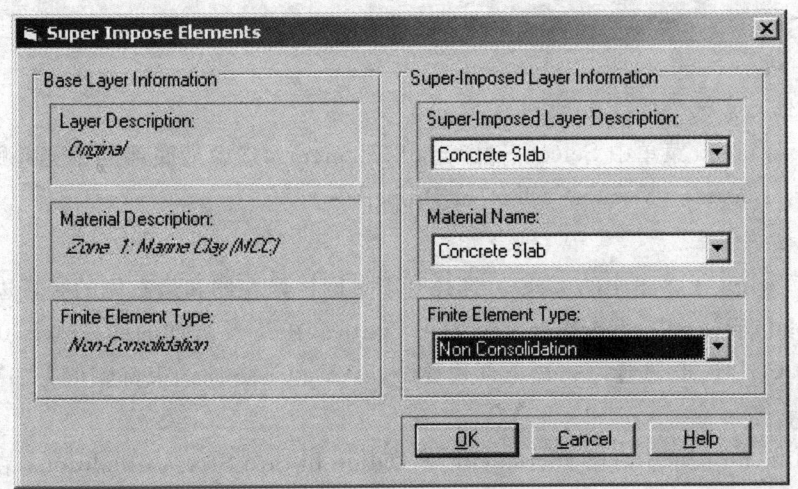

图 11.13　超级增量模块单元属性对话框

3)点击 OK 就可以在原来的土单元之上建立一个新的单元；

4)在初始(In situ)状态下，点击具有双重属性的单元，在复选对话框中选择混凝土底板(Concrete Slab)，将其移除，或点击 View → Layers，选择混凝土底板图层，点击 Increment 子菜单中的 Remove Elements，将其移除；

5)点击 View → Layers，选择土单元图层，使其可视化。

4. 定义墙和锚杆

(1)在 Main menu 中，点击 Mesh → Create Elements，开始创建线单元；

(2)在初始状态下，在节点 29－34，34－4，4－9，9－74，74－79，79－82 之间建立墙单元，其具体操作步骤为点击 29－34－29 完成一次操作，而后依次创建其他单元；

(3)点击 Select → Line Elements，选中新建的墙(线)单元，通过点击 Mesh → Element Properties，赋予其材料 3“Sheet Pile Wall(Beam)”；

(4)将线单元在初始状态下移除(Increment → Remove Elements)；

(5)重复上述步骤在节点 78 和 79 之间创建线单元，如图 11.14 所示。

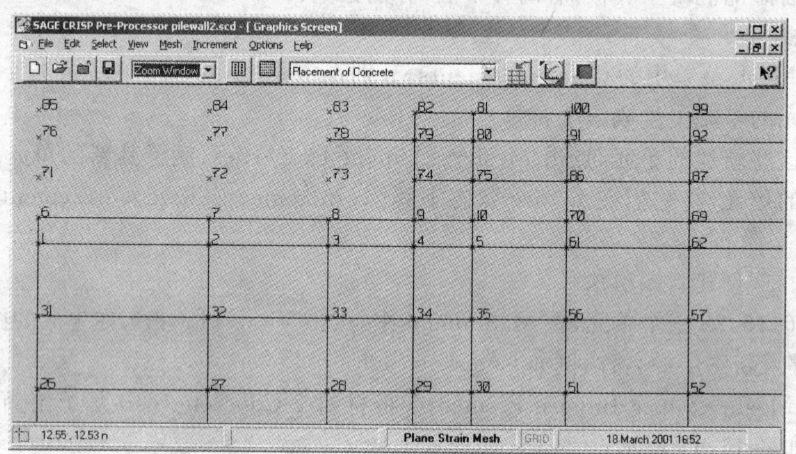

图 11.14 线单元的建立

5. 为其他元素赋予材料属性

点击 Main menu 菜单中 Select → Domain Elements，选中最底部的单元并赋予其材料 5 基岩 Bedrock(Elastic) (Mesh → Element Properties)。

6. 定义边界条件

(1)点击 Select 子菜单中的 Edges，选择有限元网格最左侧和最右侧的竖直边界；

(2)在 Main menu 中，点击 Increment → Fixities，在其 X 方向的约束赋予“0”；

(3)点击 Ctrl ＋ L，选择网格最下部边界，对其 X 和 Y 方向约束都赋值为“0”。

7. 定义初始应力

在 Main menu 菜单中点击 Increment → Define In Situ Stress Conditions，在初始应力设置对话框中键入初始应力值，如图 11.15 所示。

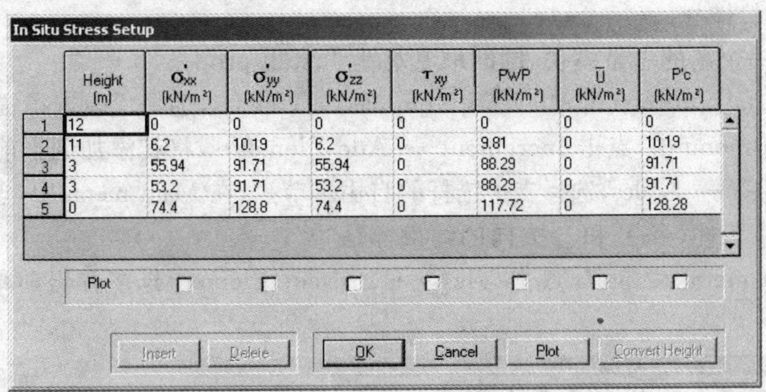

	Height (m)	σ'_{xx} (kN/m²)	σ'_{yy} (kN/m²)	σ'_{zz} (kN/m²)	τ_{xy} (kN/m²)	PWP (kN/m²)	$\bar{U}$ (kN/m²)	P'c (kN/m²)
1	12	0	0	0	0	0	0	0
2	11	6.2	10.19	6.2	0	9.81	0	10.19
3	3	55.94	91.71	55.94	0	88.29	0	91.71
4	3	53.2	91.71	53.2	0	88.29	0	91.71
5	0	74.4	128.8	74.4	0	117.72	0	128.28

图 11.15　初始应力设置对话框

8. 装墙

(1)点击 Increment → Define Increment Block Parameters,建立一个新的增量模块,并将其命名为 Install Sheet Pile Wall;

(2)在菜单栏的增量模块下拉菜单中选择 Install Sheet Pile Wall,点击 View → Removed Elements,选择线(墙)单元,点击 Increment → Add Elements,将其添加到当前单元中(Present Elements)。

9. 添加附加应力

(1)点击 Increment → Define Increment Blocks,定义一个新的增量模块,键入名称 Initial Excavation;

(2)选择 Initial Excavation,选中节点 81－100－99－98 之间的边界,点击菜单 Increment → Load,添加一个 10 kPa 的平均应力。

10. 初始开挖

(1)定义一个增量模块,命名为 Excavate Stage 1,在菜单栏的增量模块下拉菜单中将其选中;

(2)选中线(墙)单元左侧最上部的两排单元,点击 Increment → Remove Elements,将选择的土单元挖除,此时用户界面如图 11.16 所示;

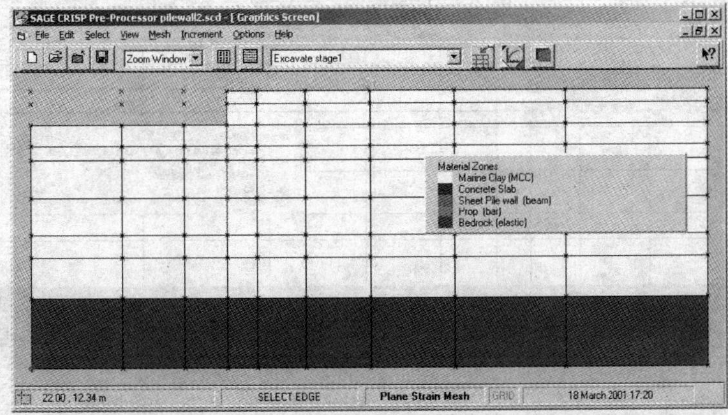

图 11.16　开挖第一阶段

11. 嵌入支护锚杆

(1)建立另一个新的增量模块,同时取其名为 Install prop;

(2)选择 Install prop,点击 View → Removed Elements,选择代表支撑锚杆的线单元;

(3)在 Main menu 中,点击 Increment → Add Elements,将其添加到当前单元中;

(4)点击 Select → Nodes,选择支护锚杆的自由端节点,在 Main menu 中,点击 Increment → Fixities,键入约束条件,令 X 和 Y 方向的约束都是"0";

(5)在 Main menu 菜单中,点击 View → Present Elements,查看当前单元,如图 11.17 所示。

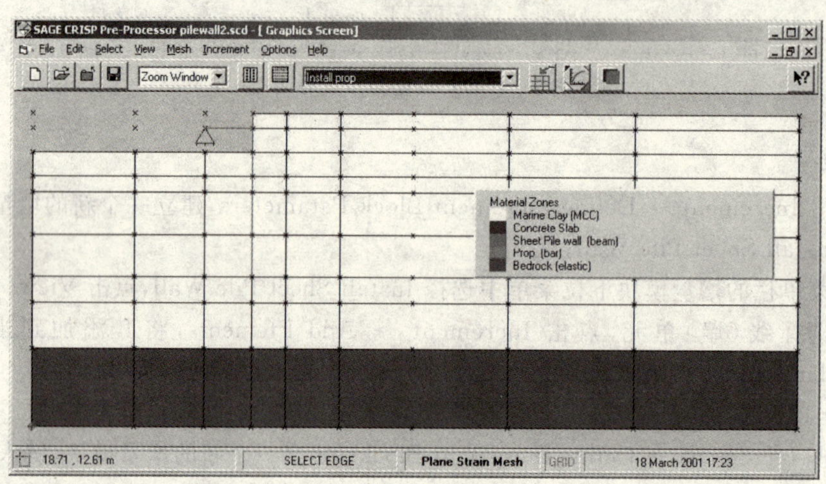

图 11.17　加入锚杆后的用户界面

12. 深入挖掘

(1)重新创建一个新的模块,将它命名为"Excavate Final Stage";

(2)点击 Select → Domain Elements,选中线(墙)单元左侧三列的最上边的三个单元;

(3)点击 Increment → Remove Elements,此时开挖阶段已经完成,用户界面如图 11.18 所示。

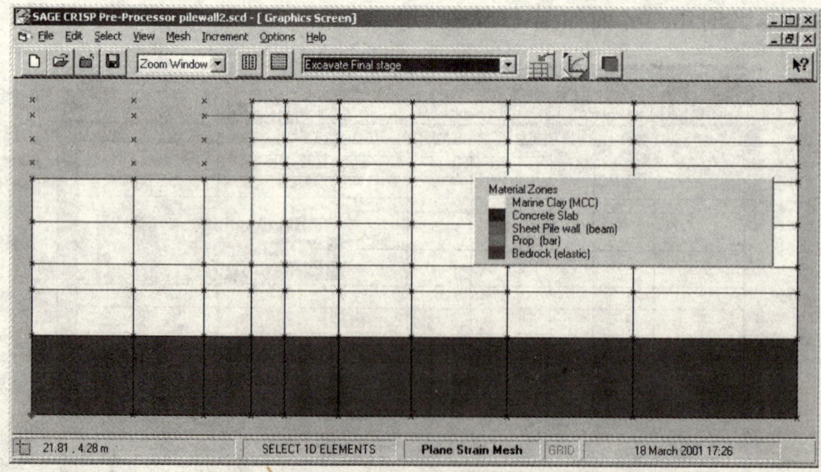

图 11.18　开挖完成后的用户界面

13. 安装混凝土底板

(1)在 Main menu 中,点击 Increment → Define Increment Block Parameters,定义一个新的增量模块,键入名称 Placement of Concrete;

(2)在菜单栏增量模块下拉菜单中选择 Placement of Concrete;

(3)点击 View → Removed Elements,查看被移除的材料单元;

(4)选择混凝土底板,在 Main menu 中,点击 Increment → Add Element,将底板添加到当前单元中;

(5)在 View 的子菜单中点击 Present Elements,查看当前单元,如图 11.19 所示。

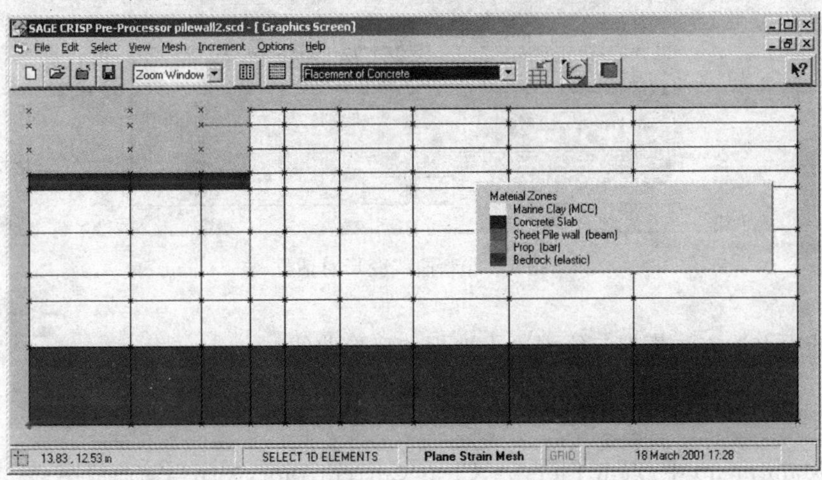

图 11.19　加入底板的用户界面

14. 计算分析

(1)在 Main menu 中,点击 File → Save Project(或使用快捷键 Ctrl + S),保存工程;

(2)点击 File 菜单中 Run Analysis ...,开启运行分析对话框,开始有限元分析;

(3)点击 Create CRISP Files Now,生成一个扩展名为.GPD 和一个扩展名为.MPD 的文件夹,它们包含有有限元分析需要的数据;

(4)此时,点击 Run The Analysis Now,程序进入 DOS 系统开始有限元计算分析;

(5)程序运行正确时,将生成一个 Microsoft Access 数据库,同时生成分析对接模块(The Analysis Docking Module)对话框,准备进入后处理。

11.3 后　处　理

11.3.1 墙体弯曲变形曲线平面图

(1)在 Main menu 中,点击 View → Material Zones,查看材料单元,将增量模块下拉菜单改为"Placement of Concrete";

(2)点击 Select → Lines,选择代表墙的线单元;

(3)在 Main menu 中,点击 Plots → Bending Moment Plots,在生成的曲线弯曲对话框中填入数据后,如图 11.20 所示;

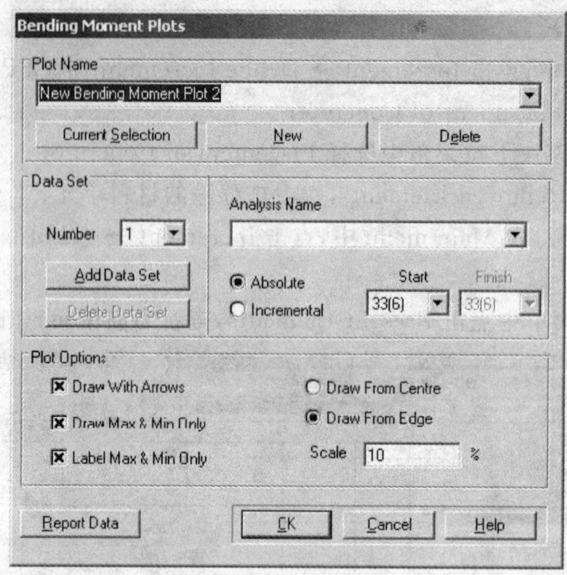

图 11.20　曲线变形对话框

(4)尝试用上述方法模拟二维混凝土地板的变形曲线。

11.3.2　应力状态平面图

(1)在 Main menu 中,点击 Plots → Clear Current Plot,关闭当前曲线图;

(2)点击 Plots → Status Plot,在生成的对话框中填入图 11.21 所示参数,在 Increment Number 中选择最后一个模块,如图 11.21 所示;

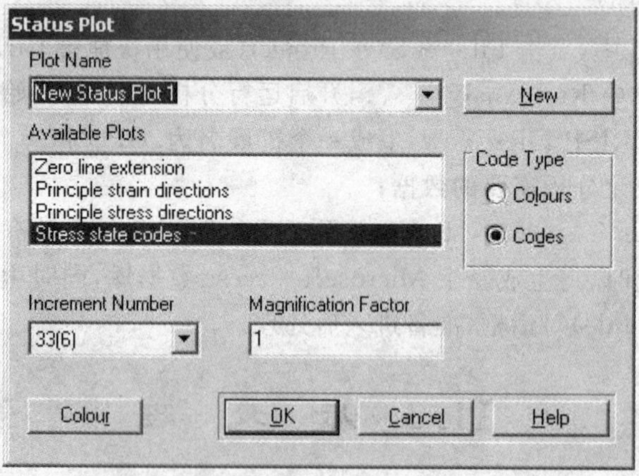

图 11.21　应力状态平面图对话框

(3)在 Main menu 菜单中,点击 View → Legend,查看应力点的意义。

11.3.3　动画图表

1. 设置动画结果

(1)在后处理的 Main menu 中,点击 Animation → Sequence Setup;

(2)在动画设置(Animation Set)对话框中点击 New 按钮，在对话框左侧的表中显示出所有已创建的模块；

(3)选中第一个模块，按住 Shift 拖动鼠标点击最后一个模块，这样所有的模块都被选中；

(4)点击≫按钮，所选的增量块将在对话框右侧的列表中列出，如图 11.22 所示，点击 OK。

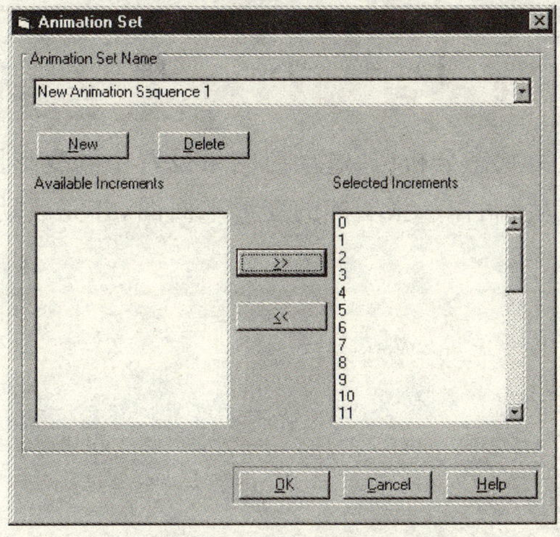

图 11.22　动画设置对话框

2. 运行动画

(1)在 Main menu 中，点击 Animation → Deformed Mesh Plots，生成网格变形图对话框；

(2)点击 New 按钮，生成一张新的图表；

(3)在 Animation Sequence 下拉条中选择 New Animation Sequence 1；

(4)给文件命名并选择 Deformed Mesh；

(5)设置规模系数为“1”，动画图表对话框应如图 11.23 所示；

(6)点击 OK 完成本次操作，生成动态图。

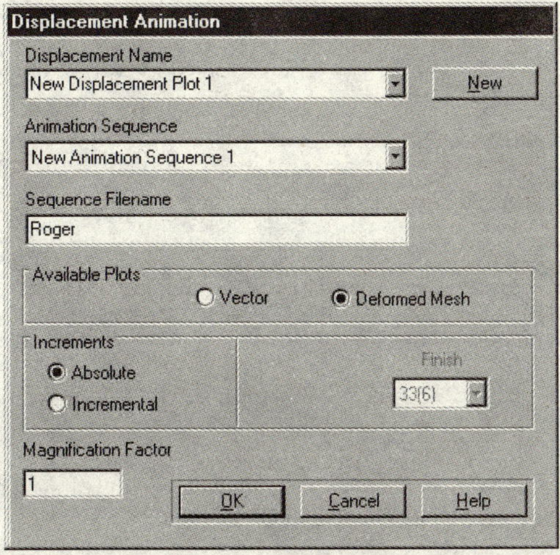

图 11.23　动画图表对话框

11.3.4 动画的优点

在以前的例子中，通过选择增量模块运行网格变形图，这项工作比较复杂和缓慢。如果对每一个增量模块都有大量的网格变形分析要做，那么这项工作是十分耗费时间的。利用动态观测就可以一次性对每一个增量模块进行观测，解决所出现的问题，加快运算速度。

11.4 小　　结

(1)对节点进行动态应力状态分析(通过动态结果设置中的变形图)。

(2)在每一步施工完成后，制作一张墙体的变形平面图，并完成动态显示。

参 考 文 献

[1] Britto Chichester A M. Critical State Soil Mechanics Via Finite Elements. New York: Halsted Press, 1987.

[2] David Muir. Soil Behaviour and Critical State Soil Mechanics. Wood Publisher: Cambridge University Press, 1990.

[3] Andrew Schofield, Peter Wroth. Critical State Soil Mechanics. London: McGraw-Hill, 1968.

[4] Atkinson. An Introduction to the Mechanics of Soils and Foundations through Critical State Soil Mechanics. London:McGraw Hill,1994.

[5] 何满潮. 工程地质数值法. 北京:科学出版社，2006.

[6] 谢定义,姚仰平,党发宁. 高等土力学. 北京:高等教育出版社，2008.

[7] 张学言,闫澍旺. 岩土塑性力学基础. 天津:天津大学出版社，2004.

[8] 李广信. 高等土力学. 北京:清华大学出版社，2004.

[9] Rick Woods, Amir Rahim. CRISP2D Technical Refefrence Manual. The CRISP Consortium Limited, 2006.

[10] CRISP2D Manual. The CRISP Consortium Limited, 2006.

[11] Mike Gunn. Critical State Soil Mechanics. The CRISP Consortium Limited, 2006.

[12] J A R Ortigao. Soil Mechanics in the Light of Critical Sate Theories:an introduction. Rotterdan: AA. Balkemas, 1995.

[13] Mitchell. James Kenneth. Fundmentals of Soil Behaviour. Hoboken:J. Wiley, 2005.